高等职业教育制冷与空调技术专业系列教材

食品冷加工工艺

主　编　孟　一
副主编　丁兆磊　乔萍萍
参　编　周艳蕊　王　琪
主　审　尹选模

机械工业出版社

本书以食品冷加工技术人员的职业岗位为导向，以知识和技术应用能力培养为重点，在介绍食品低温保藏原理的基础上，分别对肉类、水产品、鲜蛋和果蔬的冷加工技术进行了详细的论述，并系统地介绍了食品冷藏链及其应用和冷库的管理。

本书内容丰富、浅显易懂、实用性强，可作为高等职业院校制冷与空调专业、食品科学专业及农产品加工与储藏专业的教材，也可作为从事制冷空调工程和食品工程的技术、管理人员的参考书，还可作为相关岗位人员培训用书。

本书配有电子课件，凡使用本书作为教材的教师可登录机械工业出版社教育服务网 www.cmpedu.com 注册后免费下载。咨询电话：010-88379375。

图书在版编目（CIP）数据

食品冷加工工艺/孟一主编. —北京：机械工业出版社，2018.9
（2025.1 重印）

高等职业教育制冷与空调技术专业系列教材

ISBN 978-7-111-61025-0

Ⅰ.①食…　Ⅱ.①孟…　Ⅲ.①食品冷加工-高等职业-教材　Ⅳ.
①TS277

中国版本图书馆 CIP 数据核字（2018）第 222057 号

机械工业出版社（北京市百万庄大街 22 号　邮政编码 100037）
策划编辑：刘良超　　　　　责任编辑：刘良超
责任校对：李　杉　王明欣　封面设计：路恩中
责任印制：常天培
北京机工印刷厂有限公司印刷
2025 年 1 月第 1 版第 4 次印刷
184mm×260mm · 9.75 印张 · 232 千字
标准书号：ISBN 978-7-111-61025-0
定价：35.00 元

电话服务　　　　　　　　　网络服务
客服电话：010-88361066　　机　工　官　网：www.cmpbook.com
　　　　　010-88379833　　机　工　官　博：weibo.com/cmp1952
　　　　　010-68326294　　金　书　网：www.golden-book.com
封底无防伪标均为盗版　　机工教育服务网：www.cmpedu.com

前　言

本书编写依据"素质为基础、能力为本位"的高职教育教学指导思想，以培养"高素质""高技能"型专门人才为目的，是高等职业教育课程改革的一种尝试。本书紧密围绕高等职业教育的培养目标和食品行业的职业需求，内容繁简适度、深入浅出，突出高等职业教育特色。

本书包括食品的营养成分、肉类冷加工技术、水产品冷加工技术、禽蛋冷加工技术、果蔬冷加工技术、冷藏链及应用和冷库管理 7 个项目共 23 个单元。为便于学习，每个单元都列出学习目标、相关知识和思考与练习题。

本书由孟一任主编，丁兆磊、乔萍萍任副主编。绪论由乔萍萍编写，项目一由周艳蕊、孟一编写，项目二由孟一编写，项目三由王琪、乔萍萍编写，项目四由周艳蕊、丁兆磊编写，项目五由王琪编写，项目六由周艳蕊、丁兆磊编写，项目七由周艳蕊编写。

由于编者知识水平和实践能力有限，书中难免存在错误和不足之处，恳请同行专家和读者批评指正。

编　者

目　录

绪　论

0.1　食品及安全食品的概念

0.1.1　食品

中国有句古话："国以民为本，民以食为天。"古代《寿亲养老新书》云："食者，生民之天，活人之本也。"《千金食治》云："安生之本，必资于食……不知食宜者，不足以生存也。"可见，食者为国之宝，民之本。食品，就其绝大多数而言，是指那些能够为人体提供能量，形成、维持、修补人体各部组织，调节体内生理活动所必需的物质，即为维持生命和维护人体健康所不可缺少的物质。

0.1.2　安全食品

食品是人类生活的必需品，其质量的高低直接关系着人民的生活和健康。随着生活水平的逐步提高，人们开始关心环保、关注安全食品。

1962年，美国的蕾切尔·卡逊女士以密歇根州东兰辛市为消灭伤害榆树的甲虫所采取的措施为例，披露了杀虫剂DDT危害其他生物的种种情况。该市大量用DDT喷洒树木，树叶在秋天落在地上，蚯蚓吃了树叶，大地回春后知更鸟吃了蚯蚓，一周后全市的知更鸟几乎全部死亡。卡逊女士在《寂静的春天》一书中写道："全世界广泛遭受治虫药物的污染，化学药品已经侵入万物赖以生存的水中，渗入土壤，并且在植物上布成一层有害的薄膜……已经对人体产生严重的危害。除此之外，还有可怕的后遗祸患，可能几年内无法查出，甚至可能对遗传有影响，几个世代都无法察觉。"卡逊女士的论断无疑给全世界敲响了警钟。

安全食品的概念可以有广义和狭义之分，广义的安全食品是指长期正常使用不会对身体产生阶段性或持续性危害的食品；而狭义的安全食品则是指按照一定的规程生产，符合营养、卫生等各方面标准的食品。我国范围内的安全食品包括放心菜、绿色食品和有机食品。

0.1.2.1　放心菜

放心菜是近年来蔬菜生产的一个新概念，是蔬菜中农药在蔬菜上的残留量没有超过规定的标准，吃后不会引起中毒事故的蔬菜，是适合现阶段农业生产，尤其是农户小规模蔬菜生产现状的生产技术，是对蔬菜生产的最低要求。目前主要是使用残留农药测定仪检测农药在蔬菜上的残留量，确定被测定的蔬菜是否可以进入市场，供应居民食用。

0.1.2.2　绿色食品

绿色食品是指无农药残留、无污染、无公害、无激素的安全、优质、营养类食品。比放心菜的要求更严、食品安全程度更高，并且是按照特定的生产方式生产，经过专门的认证机构认定、许可使用绿色食品商标标志的安全食品。要认定是否是绿色食品，要看这个食品是否有农业部证书、产地认定证书、产品认定证书、监测报告等（2003年后只有农业部才有权力进行产品认证)。例如，在选购绿色蔬菜时，要看标签，如果标签标的是"LB-32-98010137061"，说明是 1998 年通过认证的，而绿色蔬菜认证的有效期为三年，那么这个标签的有效期已过，是不允许再以绿色蔬菜为名出售的。

绿色食品是遵循可持续发展原则，从保护和改善农业生态环境入手，在种植、养殖、加工过程中执行规定的技术标准和操作规程，限制或禁止使用化学合成物（如化肥、农药等）及其他有毒有害的生产资料，实施从"农田到餐桌"全过程质量控制，以保护生态环境，保障食品更安全，提高产品质量。绿色食品又分为 A 级和 AA 级两大类。

A 级：生产基地的环境质量符合《绿色食品　产地环境质量》（NY/T 391—2013）的要求，生产过程严格按照绿色食品的生产准则，限量使用限定的化学肥料和化学农药，产品质量符合 A 级绿色食品的标准，如农业部颁发的 A 级绿色食品行业标准《绿色食品　苹果》（NY/T 268—1995）和《绿色食品　西番莲果汁饮料》（NY/T 292—1995），绿色食品标志设计符合《食品安全国家标准　预包装食品标签通则》（GB 7718—2011）等。

AA 级：生产地环境与 A 级同，生产过程中不使用化学合成的肥料、农药、兽药，以及政府禁止使用的激素、食品添加剂、饲料添加剂和其他有害环境和人体健康的物质。产品中各种化学合成农药及合成食品添加剂均不得检出，其他指标应达到农业部 A 级绿色食品产品行业标准。

绿色食品的标志如图 0-1 所示，是由太阳、叶片和蓓蕾组成。上方的太阳代表了生态环境，下方的叶片代表了植物生长，中间的蓓蕾代表了生命的希望。

0.1.2.3　有机食品

有机食品是安全食品中最高档、最安全、价格最高的安全食品。有机食品是根据有机农业原则和有机产品的生产、加工标准生产出来的，经过有机农产品颁证机构颁发证书的一切农产品。有机农业是一种完全不用人工合成的肥料、农药、生长调节剂和饲料添加剂的生产体系。也就是说，有机农业原则是在农业能量的封闭循环状态下生产，全部过程都

图 0-1　绿色食品

利用农业资源，而不是利用农业以外的能源影响和改变农业的能量循环。当然也禁止使用基因工程产品，而且在土地转型方面有严格规定，一般需要 2~3 年的转换期。有机食品在数量上也进行严格控制，要求定地块、定产量进行生产，目前国内生产有机食品的企业非常少，产品主要销往国外。我国在现有条件下主张先发展 A 级绿色食品，以后逐步向 AA 级过渡，再与国际上推行的有机食品接轨。

有机食品是从英文 Organic Food 直译过来的，是指来自于有机农业生产体系，根据国际有机农业生产要求和相应的标准生产加工的，并通过独立的有机食品认证机构认证的农副产品，包括粮食、蔬菜、水果、奶制品、禽畜产品、蜂蜜、水产品、调料等。有机食品需要符合以下条件：原料必须来自于已建立的有机农业生产体系，或者采用有机方式采集的野生天然产品；产品在整个生产过程中严格遵循有机食品的加工、包装、储藏、运输标准；生产者在有机食品生产和流通过程中，有完善的质量控制和跟踪审查体系，有完整的生产和销售记录档案；必须通过独立的有机食品认证机构认证。因此，有机食品是一类真正源于自然、营养丰富、高品质的环保型安全食品。

有机产品的标志如图 0-2 所示，主要图案由外围的圆形、中间的种子图形及其周围的环形线条三部分组成。外围的圆形形似地球，象征和谐、安全，圆形中的"中国有机产品"字样为中英文结合方式，既表示中国有机产品与世界同行，也有利于国内外消费者识别。中间类似于种子的图形代表生命萌发之际的勃勃生机，象征了有机产品是从种子开始的全过程认证，同时昭示出有机产品就如同刚刚萌发的种子，正在中国大地上茁壮成长。种子图形周围圆润自如的线条象征环形道路，与种子图形合并构成汉字"中"，体现出有机产品植根中国，有机之路越走越宽广。同时，处于平面的环形又是英文字母"C"的变体，种子形状也是"O"的变形，意为 China Organic。

普通食品、无公害食品、绿色食品及有机食品的关系如图 0-3 所示。无公害食品保证人们对食品质量安全最基本的需要，是最基本的市场准入条件；绿色食品达到了发达国家的先进标准，满足人们对食品质量安全更高的需求；有机食品则又是一个更高的层次，是国际通行的概念。

图 0-2　有机产品

图 0-3　安全食品关系

0.2　食品保藏的目的及方法

食品保藏的目的就是通过各种方法使食品能经受一定时间保存而不变质。

食品保藏的方法很多，其基本方法分为物理方法、化学方法和生物学方法。主要保存方法如下：

0.2.1　低温保藏法

低温可以减缓食品中微生物的繁殖速度或抑制其繁殖，并抑制酶的活性（对动物性食品），降低呼吸作用（对植物性食品），同时能延缓或停止食品内部组织的生物化学变化，对食品质量影响很少。它比其他保藏方法都有效且优越很多。

0.2.2　高温保藏法

食品经过高温处理，可杀灭其中的微生物和破坏酶的活性，并结合密闭、真空、冷却等手段，防止食品腐败变质，达到长期保藏的目的。

高温保藏法主要有高温灭菌法和巴氏消毒法。高温灭菌的目的在于杀灭微生物，获得接近无菌状态的食品。灭菌温度一般在 120℃以上，常用于罐头食品杀菌。由于高温灭菌法对营养素破坏较大，所以对于液体食品，如牛奶、果汁、啤酒和酱油及其他饮料等食品常采用巴氏消毒法。巴氏消毒法的具体做法有两种：一种是在 60~65℃温度下加热 30min，称为低温长时间巴氏消毒法；另一种是在 130~150℃温度下加热几秒或几十秒，称为高温瞬间消毒法。虽然巴氏消毒法能杀灭大部分繁殖型微生物（如牛奶，可杀灭99%以上繁殖型微生物），但还不能达到完全灭菌，所以应特别注意食品消毒后要迅速包装、降温并存放在适当条件下。

0.2.3 干燥脱水保藏法

用晒干、吹干、烘干、晾干等办法，使食品中的水分部分或全部脱出，微生物生长繁殖和酶的活性因干燥而受到抑制，达到保藏食品的目的。例如，肉松、鱼松、鱼肚、虾片、墨鱼干、干海参、黄花菜、木耳、脱水土豆、脱水蔬菜等干燥食品，就是采用干燥脱水保藏法。但干制食品因水分大量脱去，会降低食品的营养价值和原有风味；同时要注意储藏环境的相对湿度应保持在70%左右，不应过大，否则易使脱水后的食物吸潮而发生腐败变质。

0.2.4 盐腌和糖渍保藏法

盐腌和糖渍保藏法是利用盐水或糖液在食品中产生高渗透压作用而使食品内所含水分析出，并造成微生物生理干燥，细胞原生质收缩、脱水，促使微生物停止活动或死亡，而且还能减少其中的氧含量和降低酶的活性，以达到保藏食品的目的。这种方法只是一种抑菌手段，在储藏中应注意防潮，若食品含水量增加，盐、糖的浓度会降低而影响食品的质量。

0.2.5 酸渍法

向食品中加酸，一般多用食醋或食用醋酸（含量为1.7%~2%，pH为2.3~2.5）可抑制或杀死大部分腐败菌，达到保藏食品的目的，如糖醋蒜、酸渍黄瓜等。另一种方法是酸发酵法，利用乳酸菌或醋酸菌发酵产生酸进行酸渍，可杀灭蔬菜中的致病菌和寄生虫卵，达到保藏食品的目的，如酸白菜、酸豆角、泡菜、酸牛奶等。

0.2.6 电离辐射保藏法

电离辐射保藏法是指利用放射性同位素放出的 γ 射线照射食品后产生离子，杀死食品中的微生物，而食品本身温度基本不上升，可减少营养素的损失而达到保存食品目的的方法。

在众多食品保藏方法中，低温保藏法是最大限度地保持食品原有的色、香、味及食品外观和质地的方法。可以说低温保藏法在目前仍是效果最好、价格最低、保鲜时间较长的方法，也是世界各国普遍采用的一种方法。低温保藏不仅能抑制微生物及酶类的活动，而且能降低食品基质中水的活性，防止食品腐败变质，从而保持了食品的鲜度和营养价值。

总之，食品冷加工工艺是一项很重要的技术。掌握这门技术，可以使食品原有的营养、风味、鲜度和质量尽可能地保持。这对于提高经济效益和改善人们生活具有深远的意义。我国的冷藏业应努力使食品冷冻、冷藏技术与装备逐步与国际冷冻、冷藏技术的发展相接轨，进一步建立和完善各类冷冻、冷藏食品的生产标准和操作规程，发展冷藏链物流技术，逐步提高人们的生活品质。

0.3 食品冷加工工艺的内容

0.3.1 食品冷藏加工技术的定义

食品冷藏加工技术是一门利用人工制冷技术来降低温度以保藏食品和加工食品的科学。它专门研究如何运用低温条件来达到最佳的保藏食品和加工食品的目的，以使各种易腐食品达到最佳保鲜程度。

0.3.2 食品冷藏加工技术的内容

食品冷藏加工技术所涉及的内容比较广泛，一方面需要了解制冷设备的性能特点和用途，另一方面还需要掌握各种冷冻、冷藏食品的性质及它们在低温储藏条件下发生物理、化学和组织学方面变化的知识。食品冷藏加工技术的内容包括：食品的冷却、冷藏与升温；食品的冻结、冻藏及解冻。

（1）食品冷却和冷藏方法　食品的冷却是将食品的温度降低到接近食品的冰点，但不冻结的冷加工方法，是延长食品储藏期的一种广泛采用的方法。一般食品冷却后的温度为0~4℃，以保持食品的新鲜度。冷藏是冷却后的食品在冷藏温度下保持不变质的储藏方法。植物性食品的储藏温度不能低于发生冷害的界限温度，如能同时调节空气中的成分（氧、二氧化碳、水分），就能取得更好的保鲜效果。肉类食品冷藏时，库内温度以选择-1~1℃为宜，相对湿度应保持在85%~90%。

（2）食品的冻结和冻藏方法　食品的冻结就是运用现代冻结技术（包括设备和工艺）在尽可能短的时间内，将食品的温度降低到食品冻结点以下的某一预定温度，使食品中的大部分水分形成冰结晶（又叫冰晶），以减少微生物活动和食品生化变化所必需的液态水分。经冻结之后的食品进行较为长期的储藏称为食品的冻藏。

食品的升温和解冻。食品的升温是指冷却食品在出库前逐渐地使其温度回升到接近于周围环境温度，以防止食品表面"出汗"，保证食品的质量。食品的解冻是指冻结食品在加工和食用前使其温度升高到所要求的温度，以恢复到冻结前的新鲜状态。为了保证冻结食品在解冻时的质量不会下降，就必须重视解冻方法和了解解冻对食品质量的影响。

0.4 食品冷冻冷藏业的概况及发展趋势

目前我国食品冷冻冷藏业的概况有如下几点：

1）冷链模式初步形成。冷链模式是指在现代化的食品工业中，食品从生产、储藏到运输、销售，始终保持在低温状态。它可以较好地保证食品的质量、减少生产及分配过程中的损耗，在满足人们生活需要中发挥着越来越重要的作用。图0-4所示为2010—2015年我国城镇居民人均部分冷链食品消费性支出的变化情况。

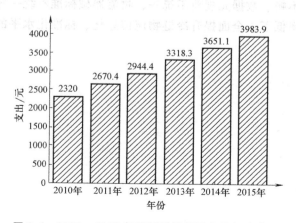

图0-4　2010—2015年我国城镇居民人均部分冷链
食品消费性支出的变化情况

2）冷却肉占据的市场份额迅猛提高，因其具有味美、肉嫩、营养、卫生等特点而得到消费者的青睐。

3）食品安全得到政府和社会的进一步关注，冷藏食品的质量保证体系得到完善。

4）冷加工工艺多样化，包括低温保鲜、冰保鲜、冷却保鲜、微冻保鲜、冷海水喷淋保鲜、气调冷保鲜、化学冷保鲜、减压冷保鲜、微波保鲜、冻干技术等。

我国食品冷冻冷藏业的未来发展趋势主要表现在以下几个方面：

1）一批符合地区经济发展需要的现代化冷藏库和冷链物流配送中心逐步建立，适合农户建造使用的微型冷库将快速发展，果品蔬菜恒温气调库迅速发展，低温库的比例将进一步增加。铁路冷藏车将定位于深冷、高品质货物的中长途运输及低附加值冷藏货物的长距离运输，将会使用机冷车、气调保鲜车和适应大批量运输的冷藏集装箱等装备。公路冷藏车将会出现两极分化的趋势：一种是小吨位、针对短途和小批量运输的公路冷藏车，主要满足城市配送中心的需要；另一种是大容量、大吨位的公路冷藏车，主要满足长途运输的需要。

2）随着企业计算机化经营和制冷系统自动控制的进一步完善，实现冷库的实时在线监控。根据冷库的具体分布情况及用户要求，采用分别显示集中采集和集中显示远程监控等多种形式。其中，分别显示集中采集是在每个库外设置一个或多个显示点，再使用计算机集中采集温度。而集中显示远程监控则是指直接显示每个点的温度。这种自动测温记录系统的出现极大地提高了出口冷藏库、冷冻库及保鲜库、恒温库的现代化管理水平，强大的内存功能可保存二十年的温度变化数据，工作人员可以随时查看以前任一时间的温度变化情况，工作人员更是足不出户即可将全库的温度状况尽收眼底，做到及时降温，避免因控温不及时而产生损失。同时应用计算机强大的通信功能，可以同时让公司质检等管理部门监控控制各点的温度采集和显示（即就地显示和异地监控）。

3）冷库建设正由传统的土建单体多层冷库向现代化的钢结构单体拼装库转型，制冷工艺从传统的高温、低温型向预冷、气调、超低温、速冻等多种类型发展。冷链运输车辆也在向高温、低温和蓄冷保温各细分温区发展，恒温控制运输和真空预冷技术迅速推广。

4）冷链监控体系尚未建立，冷链物流标准化建设亟须完善。主要表现在冷链供应链上下游企业在加工、拆分、包装、装卸、搬运、配送等环节依然存在较多的"断链"现象，温控数据信息因通道不畅、数据元规范不统一、物流器械标准不统一等多种原因造成数据传输不畅，冷链流转效率低下。全面提升冷链物流信息化、标准化水平的任务十分迫切。

项目一

食品的营养成分

单元一　食品的组成成分

终极目标：掌握食品营养成分与低温之间的关系，指导选择食品适宜的冷加工方式。

促成目标：

1）掌握糖类的概念和生理功能。

2）掌握蛋白质的概念和生理功能。

3）掌握脂类的概念和生理功能。

4）掌握酶的概念和生理功能。

相关知识

食品中的化学成分多种多样，各种化学成分都有其特殊的物理和化学性质。按照是否含有碳元素可分为有机成分与无机成分两大类。糖类、蛋白质、脂肪、维生素等属于有机成分；水和矿物质属于无机成分。

1.1　糖类

1.1.1　概念

糖是多羟基的醛或多羟基的酮及其缩聚物和衍生物的统称。因其由碳、氢、氧三种元素组成，而氢、氧的比例又和水相同，故又称碳水化合物。它是由植物的叶绿素借光合作用，并且利用空气中的碳和氧及土壤中的水分合成。

1.1.2　分类

根据分子结构的繁简，糖类可分为单糖、双糖和多糖三大类。

（1）**单糖**　单糖是最简单的碳水化合物，易溶于水，可直接被人体吸收利用。最常见的单糖有葡萄糖、果糖和半乳糖。葡萄糖主要存在于植物性食物中，人血液中的糖是葡萄糖。果糖主要存在于水果中，蜂蜜中的果糖含量最高。果糖是甜度最高的一种天然糖，它的甜度是蔗糖的 1.75 倍。半乳糖是乳糖的分解产物，吸收后在体内可转变为葡萄糖。

（2）**双糖**　双糖是由两分子单糖脱去一分子水缩合而成的糖，易溶于水。它需要分解成单糖才能被人体吸收。最常见的双糖是蔗糖、麦芽糖和乳糖。蔗糖是由一分子葡萄糖和一分子果糖缩合而成的，是我们日常生活中最常食用的糖。白糖、红糖、砂糖都是蔗糖。麦芽糖是由两分子葡萄糖缩合而成的，谷类种子发芽时含量较高，麦芽中含量尤其高。乳糖是由一分子葡萄糖和一分子半乳糖缩合而成的，存在于人和动物的乳汁中，其甜度只有蔗糖的1/6。乳糖不易溶于水，因而在肠道中吸收较慢，有助于乳酸菌的生长繁殖，对预防婴幼儿肠道疾病有益。

（3）多糖　多糖是由许多单糖分子结合而成的高分子化合物，无甜味，不溶于水。多糖主要包括淀粉、糊精、糖原和膳食纤维。淀粉是谷类、薯类、豆类食物的主要成分。淀粉在消化酶的作用下可分解成糊精，再进一步消化成葡萄糖被吸收。糖原也叫动物淀粉，是动物体内储存葡萄糖的一种形式，主要存在于肝脏和肌肉内。当体内血糖水平下降时，糖原即可重新分解成葡萄糖满足人体对能量的需要。膳食纤维虽不能被人体消化用来提供能量，但仍有其特殊的生理功能。

1.1.3　糖的主要生理功能

（1）氧化供能　糖类所供给的能量是机体生命活动主要的能量来源，正常情况下约占机体所需总能量的50%~70%。

（2）构成重要生理物质　核糖和脱氧核糖是核酸的基本组成成分。糖与脂类或蛋白质结合形成糖脂或糖蛋白、蛋白聚糖（统称糖复合物），糖复合物不仅是细胞的结构分子，而且是信息分子；此外，人体内许多具有重要功能的蛋白质都是糖蛋白，如抗体、许多酶类和凝血因子等。

（3）保肝解毒　当肝糖原储备较充足时，肝脏对一些化学毒物，如四氯化碳、乙醇、砷等有较强的解毒作用。

（4）转变为体内的其他成分　糖是合成脂类（脂肪酸、脂肪）的重要前体；糖在体内可转变成非必需氨基酸的碳骨架。

1.1.4　来源

谷类、薯类、豆类富含淀粉，是碳水化合物的主要来源。

1.2　蛋白质

1.2.1　概念

组成蛋白质的基本单位是氨基酸，氨基酸通过脱水缩合形成肽链。蛋白质是由一条或多条肽链组成的生物大分子，每一条肽链有二十个至数百个氨基酸残基；各种氨基酸残基按一定的顺序排列。产生蛋白质的细胞器是核糖体。

蛋白质是生命的物质基础，没有蛋白质就没有生命。因此，它是与生命及与各种形式的生命活动紧密联系在一起的物质。被食入的蛋白质在体内经过消化分解成氨基酸，吸收后在体内主要用于重新按一定比例组合成人体蛋白质，同时新的蛋白质又在不断代谢与分解，时刻处于动态平衡中。因此，食物中蛋白质的质和量、各种氨基酸的比例，关系到人体蛋白质合成的量。

1.2.2　分类

营养学上根据食物蛋白质所含氨基酸的种类和数量将食物蛋白质分为以下三类：

（1）完全蛋白质　完全蛋白质是一类优质蛋白质。它们所含的必需氨基酸种类齐全，数量充足，彼此比例适当。这一类蛋白质不但可以维持人体健康，还可以促进生长发育。奶、蛋、鱼、肉中的蛋白质都属于完全蛋白质。

（2）半完全蛋白质　半完全蛋白质中所含的氨基酸虽然种类齐全，但其中某些氨基酸的数量不能满足人体的需要。它们可以维持生命，但不能促进生长发育。例如，小麦中的麦胶蛋白便是半完全蛋白质，含赖氨酸很少。食物中所含与人体所需相比有差距的某一种或某几种氨基酸叫作限制氨基酸。谷类蛋白质中赖氨酸含量多半较少，所以，它们的限制氨基酸是赖氨酸。

（3）不完全蛋白质　不完全蛋白质不能提供人体所需的全部必需氨基酸，单纯靠它们既不能促进生长发育，也不能维持生命。例如，肉皮中的胶原蛋白便是不完全蛋白质。

1.2.3　蛋白质的主要生理功能

（1）构造人的身体　蛋白质是一切生命的物质基础，是肌体细胞的重要组成部分，是人体组织更新和修补的主要原料。

（2）修补人体组织　人的身体由细胞组成，细胞处于永不停息的衰老、死亡、新生的新陈代谢过程中。所以，一个人如果蛋白质的摄入、吸收、利用都很好，那么皮肤就是光泽而又有弹性的；反之，人则经常处于亚健康状态。组织受损后，包括外伤，不能得到及时和高质量的修补，便会加速机体衰退。

（3）维持肌体正常的新陈代谢和各类物质在体内的输送　载体蛋白对维持人体的正常生命活动是至关重要的，可以在体内运载各种物质。例如，血红蛋白可输送氧，脂蛋白可输送脂肪、细胞膜上的受体还有转运蛋白等。

（4）构成人体必需的催化和调节功能的各种酶　人体内有数千种酶，每一种酶只能参与一种生化反应。人体细胞里每分钟要进行一百多次生化反应。酶有促进食物的消化、吸收、利用的作用。相应的酶充足，生化反应就会顺利、快捷地进行，人们就会精力充沛，不易生病；否则，生化反应就变慢或被阻断。

（5）激素的主要原料　激素具有调节体内各器官生理活性的作用。胰岛素是由 51 个氨基酸分子合成的。生长激素（HGH）是由 191 个氨基酸分子合成的。

1.2.4　来源

含蛋白质多的食物包括：牲畜的奶，如牛奶、羊奶、马奶等；畜肉，如牛肉、羊肉、猪肉、狗肉等；禽肉，如鸡肉、鸭肉、鹅肉、鹌鹑肉、鸵鸟肉等；蛋类，如鸡蛋、鸭蛋、鹌鹑蛋等；鱼、虾、蟹等；大豆类，包括黄豆、大青豆和黑豆等，其中以黄豆的营养价值最高，它是婴幼儿食品中优质的蛋白质来源；此外像芝麻、瓜子、核桃、杏仁、松子等干果类的蛋白质含量均较高。

1.3　脂类

1.3.1　概念

由脂肪酸和醇作用生成的酯及其衍生物统称为脂类，这是一类一般不溶于水而溶于脂溶性溶剂的化合物。

1.3.2　分类

脂类分为两大类，即脂肪和类脂。

（1）脂肪　脂肪即甘油三酯，或称为脂酰甘油，它是由一分子甘油与三分子脂肪酸通过酯键相结合而成的。人体内脂肪酸的种类很多，生成甘油三酯时可有不同的排列组合，因此，甘油三酯具有多种形式。储存能量和供给能量是脂肪最重要的生理功能。1g 脂肪在体内完全氧化时可释放出 38kJ（9.3kcal）能量，比 1g 糖原或 1g 蛋白质所放出的能量多两倍以上。脂肪组织是体内专门用于储存脂肪的组织，当机体需要时，脂肪组织中储存的脂肪可分解供给机体能量。此外，脂肪组织还可起到保持体温和保护内脏器官的作用。

（2）类脂　类脂是一些类似脂肪的物质，其理化性质与脂肪相似，但其化学组成中除含有脂肪酸和甘油等外，还含有磷、氨基和糖等成分。类脂包括磷脂、糖脂和胆固醇及类固醇三大类。磷脂是含有磷酸的脂类，包括由甘油构成的甘油磷脂和由鞘氨醇构成的鞘磷脂。糖脂是含有糖基的脂类。胆固醇及类固醇等物质主要包括胆固醇、胆酸、性激素及维生素 D 等，这些物质对于生物体维持正常的新陈代谢和生殖过程起着重要的调节作用。这三大类类脂是生物膜的主要组成成分，构成疏水性的"屏障"，分隔细胞水溶性成分和细胞器，维持细胞的正常结构与功能。

1.3.3　脂类的主要生物学功能

脂类在生物体内是最佳的能量储存方式，也是生物膜的骨架；此外，动物的脂肪组织有保温和防机械压力等保护功能，植物的蜡质可以防止水分的蒸发。

1.4　维生素

1.4.1　概念

维生素是维持人体生命活动必需的一类有机物质，也是保持人体健康的重要活性物质。

1.4.2　分类

维生素可分为脂溶性和水溶性两大类。脂溶性维生素包括维生素 A、维生素 D、维生素 E、维生素 K，维生素 A 和维生素 D 主要储存于肝脏，维生素 E 主要储存于体内脂肪组织中，维生素 K 于体内储存较少。脂溶性维生素易溶于非极性有机溶剂，而不易溶于水，可随脂肪为人体吸收并在体内蓄积，排泄率不高，人体内可大量储存。水溶性维生素包括 B 族维生素、维生素 C 等。水溶性维生素易溶于水而不易溶于非极性有机溶剂，从肠道吸收后，通过循环到机体需要的组织中，多余的部分大多由尿排出，在体内储存甚少。

1.4.3　维生素的主要生理作用

维生素在体内的含量很少，但在人体生长、代谢、发育过程中却发挥着重要的作用。膳食中若缺乏维生素，就会引起人体代谢紊乱，以致发生维生素缺乏症。人体缺乏维生素会引起各种疾病，如缺乏维生素 A 会导致夜盲症、干眼症、皮肤干燥、脱屑；缺乏维生素 B_1 会导致神经炎、脚气病、食欲不振、消化不良、生长迟缓；缺乏维生素 B_2 易患唇炎、口角炎和舌炎；缺乏维生素 C 会导致坏血病、抵抗力下降；缺乏维生素 D，儿童易患佝偻病，成人易患骨质疏松症等。

1.4.4　维生素的来源

人体所需的维生素不能在体内合成，必须通过食物摄取。水果、糙米、面包、蔬菜、鱼肝油中都含有不同种类的维生素，此外，还可以选择人工复合维生素片剂来补充维生素。

1.5　酶

酶是生物细胞中产生的一种特殊的具有催化作用的蛋白质。酶在食品中的含量很少，它脱离活细胞后仍然具有活性。酶促反应是食品腐败变质的主要原因之一。

酶的性质与蛋白质相似。酶作用的强弱与温度有关，酶不耐热，一般在40~50℃时活性最强，而在低于0℃或高于70℃时，酶的活性即变弱或终止。每一种酶都有最适宜的温度。酶具有明显的特异性，即每一种酶只能对一种物质或有限的几种物质起作用。

1.6　水

水是组成一切生命体的重要物质，也是食品的主要成分之一。食品中的水分可分为自由水和结合水。自由水也称游离水，主要包括食品组织毛细孔内或远离极性基团能够自由移动、容易结冰、能溶解溶质的水。自由水在动物细胞中含量较少，而在某些植物细胞中含量却很高。结合水包围在蛋白质和糖分子周围，形成稳定的水化层。结合水不易流动、不易结冰，也不能作为溶质的溶剂。结合水对蛋白质等物质具有很强的保护作用，对食品的色、香、味及口感影响很大。研究表明，加热干燥或冷冻干燥可除去部分结合水，而冷冻和冷藏对结合水影响却较小。

1.7　矿物质

各种食品中都含有少量的矿物质，大多以无机盐形态存在，一般占其总质量的0.3%~1.5%。其数量虽少，但却是维持动植物正常生理机能不可缺少的物质。人体所需的矿物质都要从食品中得到。植物体的矿物质含量比动物体要高，所以，蔬菜特别是其叶部是人类获得矿物质的主要来源。

动物性食品根据身体各部分的不同所含无机盐成分差别很大，如骨骼中的矿物质含量为83%，它们主要是以钙和镁的磷酸盐及碳酸盐的形式存在；血清中的矿物质主要以氯化钠形式存在；红细胞中含有铁；肝脏中含有碱金属与碱土金属的磷酸盐和氯化物，也含有铁；结缔组织中含有钙和镁的磷酸盐；筋肉中主要是钾的磷酸盐，其次是钠和镁的磷酸盐。

植物性食物的矿物质成分主要是钾、钠、钙、镁、铁等的磷酸盐、硫酸盐、硅酸盐与氧化物。植物储存养料的部分含钾、磷、镁较多，而支撑部分含钙较多，叶子则含镁较多。

矿物质和蛋白质共存维持生物各组织的渗透压力，同时和蛋白质一起组成缓冲体系以维持酸碱平衡。

由于食品中含有多种无机盐，故其冻结点要比纯水低些。一般食品汁液的冻结点在0℃以下。

思考与练习题

1. 食品中的糖类有哪些种类？
2. 蛋白质的主要生理功能有哪些？
3. 简述脂类的概念。
4. 植物性食物中的矿物质成分有哪些？

单元二　食品的变质

学习目标

终极目标：了解食品变质的原因，掌握食品冷冻、冷藏对食品品质的影响。

促成目标：

1）掌握微生物引起的食品质量变化。

2）了解微生物生长繁殖的影响因素。

相关知识

引起食品腐败变质的因素主要有以下几个方面：

2.1　由微生物的作用引起的变质

微生物是一种躯体微小的生物，要用显微镜才能看见。微生物广泛分布于自然界，如果把食品长期放置，就会受到一定类型和数量的微生物的污染。能引起食品腐败变质的微生物种类很多，主要有细菌、酵母菌和霉菌。食品中含有多种营养物质和一定量的水分，适宜微生物的生长繁殖，造成食品腐败与变质，这不仅降低了食品的营养和卫生质量，而且还可能危害人体健康。

食品中污染的微生物能否生长，还要看环境条件。例如，天热时饭菜容易变坏，潮湿环境中的粮食容易发霉。影响微生物生长繁殖的环境因素是多方面的，主要有温度、气体和湿度等。

2.1.1　温度对微生物生长繁殖的影响

根据微生物对温度的适应性，可将微生物分为三个生理类群，即嗜冷、嗜温、嗜热三大类微生物。每一类群微生物都有最适宜生长的温度范围，但这三大类群微生物又都可以在20~30℃生长繁殖，当食品处于这个温度环境中时，各种微生物都可生长繁殖而引起食品变质。

2.1.1.1　低温对微生物生长的影响

低温对微生物生长极为不利，但由于微生物具有一定的适应性，在5℃左右或更低的温度（甚至-20℃以下）仍有少数微生物能生长繁殖，使食品腐败变质，我们称这类微生物为低温微生物。低温微生物是引起冷藏、冷冻食品变质的主要微生物。这些微生物虽然能在低温条件下生长，但其新陈代谢活动极为缓慢，生长繁殖的速度也非常迟缓，因而它们引起冷藏、冷冻食品变质的速度也较慢。

2.1.1.2　高温对微生物生长的影响

高温，特别是在45℃以上，对微生物生长来讲是十分不利的。在高温条件下，微生物体内的酶、蛋白质、脂质体很容易变性失活，细胞膜也易受到破坏，这样会加速细胞的死亡。温度越高，死亡率也越高。

然而，在高温条件下，仍然有少数微生物能够生长。通常把能在45℃以上温度条件下进行代谢活动的微生物，称为高温微生物或嗜热微生物。高温微生物之所以能在高温环境中生长，是因为它们具有与其他微生物不同的特性，如它们的酶和蛋白质的热稳定性比中温菌强得多。

在高温条件下，嗜热微生物的新陈代谢活动加快，所产生的酶对蛋白质和糖类等物质的分解速度也比其他微生物快，因而使食品变质的时间缩短。高温微生物造成的食品变质主要是酸败，即分解糖类产生酸而引起。

2.1.2　气体对微生物生长繁殖的影响

微生物与氧气有着十分密切的关系。一般来讲，在有氧环境中，微生物进行有氧呼吸，生长、代谢速度快，食品变质速度也快；缺乏氧气的条件下，由厌氧微生物引起的食品变质速度较慢。

另外，氢气和二氧化碳等气体的存在，对微生物的生长也有一定的影响。实际中可通过控制它们的浓度来防止食品变质。

2.1.3　湿度对微生物生长繁殖的影响

空气中的湿度对于微生物的生长和食品变质来讲起着重要的作用，尤其是未经包装的食品。例如，把含水量少的脱水食品放在湿度大的地方，食品则易吸潮，表面水分迅速增加。长江流域梅雨季节，粮食、物品容易发霉，就是因为空气湿度太大（相对湿度在70%以上）的缘故。

2.2　由酶的作用引起的变质

酶是食品的组成成分之一，它是一种特殊的蛋白质，是活细胞所产生的一种有机催化剂。它可以脱离活细胞而起催化作用。生物体内各种复杂的生化反应都需要有酶参加才能进行。

动物、植物性食品都含有酶，酶在适宜的温度下会促使食物中的蛋白质、脂肪和碳水化合物等营养成分分解。典型例子就是鱼类死后快速腐败。果蔬类食物中的蛋白质含量少，但由于蛋白酶的催化，促进了呼吸作用，使蔬菜变得枯萎发黄，同时由于呼吸作用加强，使温度升高，加速了其腐烂变质。另外，霉菌、酵母菌、细菌等微生物对食品的破坏作用，也是由这些微生物生活过程中分泌的各种酶所引起的。

影响酶活性的因素有温度、食品水分、pH等。温度的影响规律为：低温时，酶的活性很小，随着温度升高，酶的活性增大，催化速度也随之加快。温度每升高10℃，可使反应速度增加2~3倍。但另一方面，酶受热会被破坏，一般温度为30℃时开始被破坏，到80℃时几乎所有的酶都已经被破坏了。微生物与酶一样，也有一个最适宜生存的温度。例如，分解蛋白质的酶在30~50℃时活性最强，降低温度可以降低它的反应速度。因此，在低温下保存食品，可以降低或防止由酶的作用而引起的变质。

2.3　非酶引起的变质

有部分食品的变质和酶没有直接关系。例如，油脂的酸败是由于油脂和空气接触发生了氧化反应，生成醛、酮、醇、酸、内脂、醚等化学物质，并且油脂本身黏度增大，密度增大，出现令人不快的气味。这是与酶无关的化学变化。除油脂外，食品的其他成分如维生素C、天然色素等，也会发生氧化而被破坏。

思考与练习题

1. 温度对食品质量有哪些影响？
2. 微生物生长繁殖的影响因素有哪些？
3. 影响酶活性的因素有哪些？
4. 非酶引起变质的原因是什么？

单元三　食品低温保藏的基本原理

学习目标

终极目标：能够掌握食品低温保藏的基本原理。

促成目标：

1）了解温度对微生物的作用。

2）了解温度对酶活性的影响。

3）了解低温对食品物料的影响。

相关知识

引起食品腐败变质的主要原因是微生物的作用和酶的催化作用，而作用的强弱均与温度密切相关。一般来讲，降低温度使作用均减弱，从而达到阻止或延缓食品腐败变质的目的。

3.1　温度对微生物的作用

食品冷冻和冷藏中主要涉及的微生物有细菌、霉菌和酵母菌，它们是能够生长繁殖的活体，因此需要营养和适宜的生长环境。动物性食品是它们生长繁殖的最好材料，而植物性食品只有在受到物理性损伤或处于衰老阶段时，才易被微生物所利用。微生物能分泌出各种酶类物质，使食品中的蛋白质、脂肪等营养成分发生分解，并产生硫化氢、氨等难闻的有毒气体和有毒物质，使食品失去食用价值。

根据微生物对温度的耐受程度，将其划分为嗜冷、嗜温和嗜热三大类群。温度对微生物的生长繁殖影响很大。温度越低，它们的生长繁殖速率也越低。

温度降到微生物的最低生长温度时，其新陈代谢活动减弱到极低的程度，并出现部分休眠状态，停止生长。许多嗜温菌和嗜冷菌的最低生长温度低于0℃，有的甚至可低达-8℃，如荧光杆菌的最低生长温度为-8.9℃。温度降至微生物的最低生长温度以下时，就会导致微生物死亡。不过在低温下，微生物的死亡速度比在高温下缓慢得多。

冻结或冰冻介质容易促使微生物死亡。冻结导致大量的水分转变成冰结晶，对微生物有较大的破坏作用。例如，微生物在-8℃的冰冻介质中的死亡速率比在-8℃过冷介质中的死亡速率明显快得多。

3.2　温度对酶活性的影响

食品中的许多反应都是在酶的催化下进行的，这些酶有些是食品中固有的，有些是微生物生长繁殖过程中分泌出来的。

温度对酶的催化能力影响最大。40~50℃时，酶的催化作用最强。随着温度的升高或降低，酶的活性均下降。一般来讲，在0~40℃时，温度每升高10℃，反应速度将增加1~2倍。一般最大反应速度所对应的温度均不超过60℃。当温度高于60℃时，绝大多数酶的活性急剧下降。过热后酶失活是由于蛋白质发生变性的结果。而温度降低时，酶的活性也急剧减弱。例如，若以脂肪酶40℃时的活性为1，则在-12℃时降为0.01，在-30℃时降为

0.001。酶的活性虽在冷冻和冷藏中急剧减弱，但并不能说明酶完全失活，在长期冷藏中，酶的作用仍可使食品变质。当食品解冻后，随着温度的升高，仍保持活性的酶将重新活跃起来，加速食品的变质。商业上一般采用-18℃作为储藏温度，实践证明，对于多数食品在数周至数月内是安全可行的。

基质浓度和酶浓度对催化反应速度影响也很大。例如，在食品冻结时，当温度降至-1～-5℃时，有时会呈现其催化反应速度比高温时快的现象，其原因是在这个温度区间，食品中的水分有80%变成了冰，而未冻结的基质浓度和酶浓度都相应增加的结果。因此，快速通过这个冰结晶带不但能减少冰结晶对食品的机械损伤，同时也能减弱酶对食品的催化作用。

3.3 低温对食品物料的影响

根据低温下不同食品物料的特性，我们可以将食品物料分为三大类：一是植物性食品物料，主要是指新鲜水果和蔬菜等；二是动物性食品物料，主要是指新鲜的水产品、屠宰后的家禽和牲畜及新鲜乳、蛋等；三是指其他类食品物料，包括一些原材料、半加工品和加工品、粮油制品等。

植物性食品腐败的原因是呼吸作用的影响。水果、蔬菜在采摘后储藏时，虽然不再继续生长，但它们仍是一个有生命力的机体，仍然有呼吸作用，而呼吸作用能抵抗细菌的入侵。但另一方面，采摘后的植物要进行呼吸，不能再从母株上得到水分和其他营养物质，只能消耗其体内的物质而逐渐衰老变成死体。因此，要长期储藏植物性食品，就必须维持它们的活体状态，同时又要减弱它们的呼吸作用。而低温能够减弱水果、蔬菜类食品的呼吸作用，延长储藏期限。

动物性食品生物体与细胞已经死亡，故不能控制酶的作用，也不能抵抗引起腐败的微生物的作用。酶要发生作用，微生物要繁殖，需要适当的温度和水分等条件，环境不适宜，微生物会停止繁殖，甚至死亡，酶也会丧失催化能力，甚至被破坏。低温（-18℃）条件下，微生物和酶对食品的作用就变得很微小了。

粮油制品中，油脂的酸败是因油脂与空气直接接触，发生酸化反应，属于非酶引起的变质，而低温环境也可以延缓、减弱其作用。

思考与练习题

1. 温度对酶的活性有什么影响？
2. 根据低温下不同食品物料的特性，可以将食品物料分为哪三大类？
3. 低温对食品物料有什么影响？

单元四 食品的低温保藏

学习目标

终极目标：能够掌握食品的低温保藏原理和方法。

促成目标：

1）掌握食品冷冻的温度范围。

2）掌握食品冷藏的常用方法及食品在冷藏过程中发生的变化。

3）掌握食品的冻结理论及在冻结过程中所发生的变化。

 **相关知识**

　　食品的低温保藏也称为食品的冷冻保藏，可分为两大类：一类是食品的冷藏储藏，另一类是食品的冻结储藏。前者是将食品的温度下降到食品的冻结点以上的某一合适温度，食品中的水分不结冰，达到使大多数食品短期储藏和某些食品（如苹果、梨、蛋等）长期储藏的目的。后者是将食品的温度下降到食品中绝大部分的水形成冰结晶，达到食品长期储藏的目的。

4.1　食品冷冻的温度范围

　　如上所述，食品的冷冻保藏可分为两类，因此食品冷冻的温度范围也可分为两大类：食品冷藏的温度范围和食品冻结储藏的温度范围。食品冷藏的温度范围为−2~15℃。例如，苹果可以冷却到−1℃并在−1℃的冷藏室中储藏。肉类可以在−1.5℃的冷藏室中短期储藏。而香蕉则必须在12℃的温度中储藏，否则就会发生生理病害，如果皮发黑和果心发硬。柠檬和番茄等也必须采用较高的冷藏温度。

　　食品冻结储藏的温度范围为−30~−12℃。食品冻结储藏的温度越低，则食品的稳定性越好，储藏期限也越长。但食品冻结储藏一般是将食品尽可能地快速冻结，使其中心温度达到−18~−15℃后，储藏在−23~−18℃的冻藏室中。多脂鱼和容易变色的鱼类宜放在−25℃或以下温度的冻藏室中储藏。现在，欧美和日本等发达国家和地区为了提高冻结食品的质量，多趋向于采用−30~−25℃的冻藏温度。

4.2　食品的冷藏

4.2.1　冷却方法

　　常用的食品冷却方法有冷风冷却、冷水冷却、碎冰冷却、真空冷却等。根据食品的种类和冷却要求的不同，可选择与其适应的冷却方法。表4-1是这些冷却方法的一般使用范围。

表 4-1　食品冷却方法和使用范围

冷却方法	肉	禽	蛋	鱼	水果	蔬菜	烹调食品
冷风冷却	√	√	√		√		√
冷水冷却	√	√		√	√		
碎冰冷却		√		√	√		
真空冷却						√	

4.2.1.1　碎冰冷却法

　　碎冰冷却法是一种常见的、简易的、行之有效的冷却方法。冰块融化时，每千克冰块吸收334.72kJ的热量。当冰块与食品表面直接接触时，冷却效果最好。该法特别适宜冷却鱼类，因为碎冰无害、便宜、便于携带。碎冰冷却不仅能使鱼冷却，使鱼体湿润、有光泽，而且不发生干耗。食品冷却的速度取决于食品的种类与大小，冷却前食品的原始温度，冰块与食品的比例，以及冰块的大小。以鱼类为例，多脂鱼类和大型鱼类的冷却速度比低脂鱼类和

小型鱼类的慢。冷却前，鱼体的原始温度高，则冷却所需的时间长。碎冰与鱼重的比例达到
0.75∶1 时，可获得足够大的冷却速度。冰块的大小对食品的冷却速度的影响也很大，一般
认为冰块最好不超过 2cm。用碎冰机得到的细小而均匀的冰块，冷却时可获得足够大的冷却
速度。

4.2.1.2　冷风冷却法

　　冷风冷却是利用流动的冷空气使被冷却的食品的温度下降，它是一种使用范围较广的冷
却方法。冷风冷却法的效果主要取决于冷空气的温度、相对湿度和流速。一般食品冷却时所
采用的冷风温度不低于食品的冻结点，以免食品发生冻结。对某些易受冷害的食品，如香
蕉、柠檬、番茄等宜采用较高的冷风温度。冷却室内的相对湿度对不同种类的食品（特别
是有无包装）的影响是不一样的。当食品用不透蒸汽的材料包装时，冷却室内的相对湿度
对其没有什么影响。冷却室内的冷风流
速一般为 0.5~3m/s。冷风冷却时通常把
被冷却的食品放在金属传动带上，可连
续作业。图 4-1 是隧道式冷风冷却装置
简图。

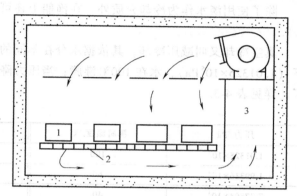

　　冷风冷却的缺点是当冷却室的空气
相对湿度低的时候，被冷却食品的干耗
较大。为了避免冷却室的空气相对湿度
过低，冷却装置的蒸发器和室内空气的
温度差应尽可能小些，一般以 5~9℃ 为
宜，这样蒸发器就必须有足够大的冷却
面积。部分食品的冷风冷却工艺要求见
表 4-2。

图 4-1　隧道式冷风冷却装置简图
1—食品　2—传动带　3—冷却器

表 4-2　部分食品的冷风冷却工艺要求

品名	冷却室温度/℃		冷却室相对湿度（%）	冷风风速/(m/s)		食品温度/℃		冷却时间/h	冷却率因素
	初温	终温		初期	末期	初温	终温		
菠萝	7.2	3.3	85	1.25	0.75	29.4	4.4	3	0.67
苹果	4.4	-1.1	85	0.75	0.30	26.7	0	24	0.67
柠檬	15.6	12.8	85	1.25	0.45	23.9	13.9	20	1.0
橙	4.4	0	85	1.25	0.45	23.9	0	22	0.70
梨	4.4	0	85	0.75	0.30	21.1	1.1	24	0.80
香蕉	21.1	13.3	90~95	0.75	0.45	25.6	13.3	12	1.0
番茄	21.1	10.0	85	0.75	0.45	26.7	11.0	34	1.0
青刀豆	4.4	0.56	85	0.75	0.30	26.7	1.7	20	0.67
青豆	4.4	0.56	85	0.75	0.30	26.7	1.1	20	0.67
菜花	4.4	0	90	0.75	0.30	21.1	1.1	24	0.80
猪肉	3.3	-1.67	90	1.25	0.75	40.6	1.7	14	0.67
羊肉	7.22	-1.1	90	1.25	0.45	37.8	4.4	5	0.75
牛肉	7.22	-1.1	87	1.25	0.75	37.8	6.7	18	0.56
家禽	7.22	0	85	0.75	0.45	29.4	4.4	5	1.0

4.2.1.3 冷水冷却法

用水泵将以机械制冷装置（或冰块）降温后的冷水喷淋在食品上进行冷却的方法称为冷水冷却法。也有采用浸渍式的，即将食品直接浸在冷水中冷却，并用搅拌器不断地搅拌冷水。水温应尽可能维持在0℃左右，这是能否获得良好冷却效果的关键。和空气相比，水作为冷却介质具有较高的质量热容和对流传热系数，所以冷却速度快，大部分食品的冷却时间为10~20min。近年来，国外设计了投资费用低廉、长达10m的移动式高效水冷装置，可供冷却芹菜、芦笋、桃、梨、樱桃之用。

冷水冷却的主要缺点是食品容易受到微生物污染。例如，用冷水冷却家禽，如果有一个禽体染有沙门氏菌，就会通过冷水传染给其他禽体。因此，对循环使用的冷水应进行连续过滤，使用杀菌剂，并且要及时更换清洁的水。

除了使用淡水作为冷却介质外，在渔船上还可以使用海水作为冷却介质以冷却鱼类。

4.2.1.4 真空冷却法

真空冷却又叫减压冷却，其依据水分在不同的压力下沸点不同来实现。在正常的大气压下（$1.01325×10^5$Pa），水在100℃沸腾；当压力降低至$6.56611×10^2$Pa时，水在1℃就沸腾了，详见表4-3。

表 4-3　水的蒸汽压和温度的关系

压力/Pa	沸腾温度/℃	压力/Pa	沸腾温度/℃
$1.01325×10^5$	100	$8.71926×10^2$	5
$1.99316×10^4$	60	$6.56611×10^2$	1
$7.37804×10^3$	40	$4.01433×10^2$	−5
$2.36380×10^3$	20	$2.59711×10^2$	−10
$1.22723×10^3$	10	$3.79968×10^1$	−30

真空冷却主要用于蔬菜的快速冷却，收获后的蔬菜经过挑选、整理，放入打孔的纸板或纤维板箱内，然后推进真空冷却槽，关闭槽门后，开动真空泵和制冷机。当真空冷却槽的压力降至$6.56611×10^2$Pa时，蔬菜表面的水分在1℃的低温下迅速汽化，每千克水变成水蒸气时要吸收2464kJ的热量。这样可使蔬菜的温度迅速下降，而且水分蒸发量很少，不会影响蔬菜新鲜饱满的外观。

采用真空冷却法冷却时，差不多所有的叶菜类都能迅速冷却。但这种方法投资大、操作成本也高，少量使用时不经济。国外一般都用在离冷库较远的蔬菜产地，在大量收获后的运输途中使用。

4.2.2 食品在冷藏中的变化

（1）水分蒸发（俗称干耗）　经过冷却的食品在冷藏室内冷藏时由于湿度差的作用会发生水分蒸发现象。例如，冷却肉在冷藏初期，水分蒸发较大，第一昼夜干耗平均为0.3%~0.4%，以后逐渐减小，当冷藏期超过三昼夜后，每天的干耗平均为0.1%~0.2%。

（2）冷害（也称冷藏病）　有些水果、蔬菜冷藏时的温度虽然在冻结点以上，但当储藏温度低于某一温度界限时，这些水果、蔬菜的正常生理机能出现障碍，称为冷害。冷害有各种现象，最明显的症状是表皮出现软化斑点和心部变色，如鸭梨的黑心病。一般来说，产地在热带、亚热带的水果、蔬菜容易发生冷害。

（3）串味（也称移臭）　有强烈香味或臭味的食品与其他食品放在一起冷藏时，这些气味就会串到其他食品上。例如，蒜和苹果、梨放在一起冷藏，蒜的特殊味道就会串到苹果和梨上。另外，冷藏室所特有的冷藏臭也会转移到冷藏食品上。

（4）果蔬的后熟作用　为了便于运输和储藏，水果、蔬菜在收获时尚未完全成熟，因此收获后还有个后熟过程。水果、蔬菜冷藏时，其呼吸作用和后熟作用仍在继续进行，果蔬体内的成分也不断发生变化，如淀粉和糖的比例，糖和酸的比例，果胶物质和维生素C的含量变化等。

（5）肉类的成熟作用　刚屠宰的动物的肉是柔软的，并且具有很高的持水性。经过一段时间的放置，肉质会变得粗硬，持水性也大为降低。再继续放置一段时间后，粗硬的肉又变得柔软，持水性也有所恢复，而且风味有极大的改善。肉的这种变化过程称为肉的成熟。肉类冷藏时这种成熟作用在缓慢地进行着。

（6）脂类的变化　食品冷藏时，其所含的脂肪会发生水解、氧化酸败等，导致食品的风味变差。

（7）淀粉老化　普通的淀粉大致由20%的直链淀粉和80%的支链淀粉构成。淀粉粒在适当的温度下（一般为60～80℃）于水中溶胀、分裂而形成均匀糊状的溶液的现象称为糊化；糊化后的淀粉又称为α-淀粉。淀粉溶液经缓慢冷却或淀粉凝胶经长期放置，会变得不透明甚至产生沉淀，这称为淀粉的老化。老化的淀粉不易被淀粉酶作用，所以也不易被人体消化吸收。水分含量在30%～60%的淀粉易老化，含水量在10%以下或在大量水中的淀粉不易老化。淀粉老化作用的最适温度为2～4℃，如面包在冷藏时淀粉迅速老化，变得很不好吃。

（8）微生物的增殖　在常规的冷藏温度下（-13～-1.5℃），微生物尤其是嗜冷微生物仍能生长繁殖。因此，对已失去生命的食品，如鱼、肉、禽等只能做短时间的冷藏。

（9）寒冷收缩　宰后的牛肉在短时间内快速冷却，肌肉会发生显著收缩，以后即使经过成熟作用过程，肉质也不会十分软化，这种现象叫寒冷收缩。一般来说，宰后10h内，当肉的pH下降至6.2之前，肌肉温度降低到10℃以下时，容易发生寒冷收缩现象。

4.2.3　冷藏技术管理

食品冷藏的技术管理主要是对不同食品采用各自合适的冷藏温度、空气相对湿度和空气流速。

4.2.3.1　冷藏温度

冷藏温度不仅指的是冷藏室内的空气温度，更重要的是指冷藏食品的温度。最适宜冷藏生梨的温度为1.1℃，若将冷藏室的温度提高则其冷藏期会缩短；若将冷藏室内的温度降到-2.2℃以下，生梨就会被冻结而使其组织结构破坏，可见控制冷藏温度的重要性。对于无生命的食品，如肉类、鱼类、禽类，在保证食品不发生冻结的前提下，冷藏温度越接近食品的冻结点则冷藏期越长。对于有生命的食品，如水果、蔬菜、禽蛋，有的可用较低的冷藏温度，如苹果、梨；有的则需要较高的冷藏温度，如香蕉、番茄等。

有些植物性食品对冷藏温度特别敏感，如果冷藏温度不适宜，常有冷害发生。冷藏柑橘时，若冷藏温度过高，常发生果皮斑点病；冷藏温度过低，则会发生褐痂病（果皮褐变）和湿烂病（全果湿、松、软）。香蕉的冷藏温度低于12℃时，果皮会发黑，果心会变硬。大多数苹果适宜的冷藏温度为0～1℃，但是有些苹果在1.7℃以下冷藏时会发生褐痂软质病和湿烂病；另外，有些苹果在 2.2℃ 以下冷藏时会发生褐心病；还有一些苹果甚至在 4.5℃ 以下冷藏时就会发生褐变。

冷藏室内的温度应严格控制，任何的温度变化都可能对冷藏的食品造成不良后果。在通常情况下，冷藏室内温度的升降幅度不得超过 0.5℃，在进出货时，冷藏室内温度升高不得超过 3℃。为了减少温度变化，冷藏室应有良好的隔热层，冷藏室和冷却排管间的温度差宜小些。

4.2.3.2　空气的相对湿度和空气流速

冷藏室内的空气相对湿度不宜过高也不宜过低。冷藏室内的空气相对湿度过高，不仅易使霉菌生长，而且会有水分在食品表面凝结下来，导致食品腐烂。冷藏室内的相对湿度过低，则食品中的水分会迅速蒸发而导致其萎缩。大多数水果冷藏时的适宜相对湿度为 85%~90%，而绿叶蔬菜、根类蔬菜及脆质蔬菜适宜的相对湿度可高达 90%~95%。坚果类（如板栗等）冷藏时适宜的相对湿度为 70%。某些干态颗粒食品，如乳粉、蛋粉等，则应在尽可能低的相对湿度下冷藏。

冷藏室内的空气流速加大，则食品与空气之间的水蒸气压差随之增大，使食品的水分蒸发率上升。冷藏室内的空气流速一般只需保持低速的循环即可。这样既可将食品产生的生化反应热及外界渗入冷藏室的热量带走，保证室内温度均匀分布，又可减少食品水分的蒸发。若冷藏食品采用不透蒸汽的包装材料包装，则冷藏室内的空气相对湿度和空气流速对其不会有什么影响。各种食品适宜的冷藏条件和储藏期见表 4-4。

表 4-4　各种食品适宜的冷藏条件和储藏期

品　名	冷藏温度/℃	相对湿度（%）	储藏期	平均冻结点/℃
苹果	-1.1~0	85~88	2~7 个月	-2.0
梨	-1.5~0.5	85~90	2~7 个月	-2.8~-2.2
葡萄（美洲种）	-0.5~0	85~90	3~8 周	-2.5
葡萄（欧洲种）	-1.1~0.5	85~90	3~6 周	-3.9
桃	-0.5~0	85~90	2~4 周	-1.4
李	-0.5~0	80~85	3~4 周	-2.2
柿	-0.5~0	85~90	2~3 周	-2.1
香蕉（未熟）	12~16	90~95	1~3 周	-1.0
香蕉（熟）	12~16	85~90	1~3 周	-3.3
柠檬	12.7~14.5	85~90	1~4 个月	-2.2
草莓	-0.5~0	85~90	7~10d	-1.2
菠萝（未熟）	10.0~15.5	85~90	3~4 周	-1.6
菠萝（熟）	4.4~7.2	85~90	2~4 周	-1.2
芦笋	0	90~95	3~4 周	-1.2
胡萝卜	0	90~95	4~5 个月	-1.3
萝卜（冬）	0	90~95	2~4 个月	—
马铃薯（晚熟）	3~10	85~90	6~9 个月	-1.1
甘蓝	0	90~95	3~4 个月	-0.5

（续）

品　名	冷藏温度/℃	相对湿度（%）	储藏期	平均冻结点/℃
菠菜	0	90~95	10~14d	-1.0
黄瓜	7.2~10	90~95	10~14d	-0.8
刀豆	7.2	85~90	8~10d	-1.3
茄子	7.2~10	85~90	2~3周	-0.9
甜椒	7.2~10	85~90	8~10d	-1.1
番茄（未熟）	12.8~21	85~90	3~5周	-0.9
番茄（熟）	4.4~10	85~90	7~10d	-0.9
西瓜	2.2~4.5	80~85	1~2周	-1.7
牛肉	-1.1~0	85~90	3周	-2.2~-1.7
猪肉	0~1.1	85~90	3~7d	-2.2~-1.7
羊肉	-2.2~1.1	85~90	5~12d	-1.7
家禽	-2.2	85~90	10d	-2.8
鱼	0.5~4.4	90~95	5~20d	-2.2~-1.0
蛋类	-1.7~-0.5	85~90	9个月	-0.56
牛乳	1.7~4.4	65~75	5d	-0.5

4.3　食品的冻结冻藏

4.3.1　食品冻结的理论

食品的冻结就是运用现代冻结技术（包括设备和工艺）在尽可能短的时间内，将食品的温度降到食品冻结点以下的某一预定温度，使食品中的大部分水分形成冰结晶，以减少微生物活动和食品生化变化所必需的液态水分。此外，食品冻结技术也常用于特殊食品，如冰淇淋、冻结干燥食品和冷冻浓缩果汁等的制造。

4.3.1.1　冻结点与冻结率

冻结点是冰结晶开始出现的温度。食品冻结的实质是其中水分的冻结。食品中的水分并非纯水。根据稀溶液定律，质量摩尔浓度每增加 1mol/kg，冻结点就会下降 1.86℃。因此，食品物料要降到 0℃ 以下才产生冰结晶。温度-60℃左右，食品内的水分全部冻结。在-30~-18℃时，食品中绝大部分水分已冻结，能够达到冻藏的要求。低温冷库的储藏温度一般为-25~-18℃。

冻结率是指冻结终了时食品内水分的冻结量。

$$K = (1 - T_D/T_F) \times 100\%$$

式中　K——冻结率；

　　　T_D——食品的冻结点；

　　　T_F——食品的冻结终了温度。

4.3.1.2　冻结曲线

在低温介质中，随着冻结的进行，食品的温度逐渐下降。冻结曲线表示了冻结过程中温度随时间的变化。图 4-2 表示冻结期间食品的温度与时间的关系曲线。无论何种食品，其冻结曲线在性质上都是相似的。曲线分三个阶段。

第一阶段，食品的温度从初温降至食品的冻结点，这时食品放出的热量是显热，此热量与全部放出的热量比较，其值较小，所以降温速度快，冻结曲线较陡。

第二阶段，食品的温度从食品的冻结点降至-5℃左右，这时食品中的大部分水结成冰，放出大量的潜热（每千克的水结成冰时，放出约334.72kJ的热量）。整个冻结过程中食品的绝大部分热量在此阶段放出，因此食品在该阶段的降温速度慢，冻结曲线平坦。

第三阶段，食品的温度从-5℃左右继续下降至终温，此时放出的热量一部分是由于冰的降温，另一部分是由于残余少量的水继续结冰。这一阶段的冻结曲线也比较陡。

冻结曲线平坦段的长短与传热介质的传热快慢关系很大。传热介质传热快，则第二阶段的曲线平坦段短。

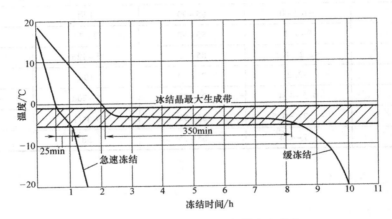

图4-2　冻结曲线与冰结晶最大生成带

4.3.2　食品在冻结程中的变化

4.3.2.1　物理变化

1. 体积膨胀和产生内比

1mL水在4.4℃时的质量为1g，此时密度最大。在0℃时1mL水的质量为0.9999g，冰的质量为0.9168g。0℃时，冰的体积比水的体积约增大9%。冰的温度每下降1℃，其体积收缩0.005%~0.01%。二者相比，膨胀比收缩大得多，所以含水分多的食品冻结时体积会膨胀。根据理论计算冻结膨胀压可达到8.5MPa。

在食品速冻过程中，冻结膨胀压的危害是产生龟裂。当食品外层承受不了内压时，便通过破裂的方式来释放内压。在食品通过-5~-1℃最大冰结晶生成带时，膨胀压曲线升高达到最大值。

食品厚、含水率高、表面温度下降快时易产生龟裂。此外，结冰后冰的膨胀使食品内液相中溶解的气体分离出来，体积膨胀数百倍，也加大了食品内部压力。

2. 比热容下降

比热容是1kg物体温度上升或下降1℃时所吸收或放出的热量。水的比热容为4.2kJ/（kg·℃），冰的比热容为2.1kJ/（kg·℃），即冰的比热容是水的1/2。食品的比热容也随其含水量而异，含水量多的食品比热容大，含脂量多的则比热容小。对一定含水量的食品，其在冰点以上的比热容要比冰点以下大。

比热容大的食品速冻时需要的制冷量大，因此食品的比热容对速冻设备和速冻工艺的选择有很大影响。

3. 热导率增加

水的热导率为 $2.1kJ/(m \cdot h \cdot K)$，冰的热导率为 $8.4kJ/(m \cdot h \cdot K)$，因此，冰的热导率是水的4倍。由于速冻时冰层向内推进使热导率提高，从而加快了速冻过程。热导率还受含脂量的影响，含脂量大，热导率小。热导率还具有方向性，热流方向与肌肉纤维平行时热导率大；垂直时则小。

4. 体液流失

食品经速冻再解冻后，内部冰结晶就融化成水。有一部分水不能被食品重新吸收回复到原来状态而成为流失液。流失液中不仅有水，而且还包括溶于水的成分，如蛋白质、盐类、维生素等，不仅使食品重量减少，而且风味、营养成分也损失。

5. 干耗

速冻过程不仅是个传热过程，而且是传质过程，会有一些水分从食品表面蒸发出来，从而引起干耗。干耗除了造成经济损失外，也影响产品质量和外观，并且影响经济效益。

4.3.2.2　组织学变化

冻结时植物组织一般比动物组织损伤要大。这是因为植物组织有大的液泡，使植物细胞保持高含水量，而含水量高，则水冻结时组织所受的损伤大。另外，植物细胞有细胞壁，动物细胞只有细胞膜，细胞壁比细胞膜厚且缺乏弹性，速冻时也更易胀破。再者，动物、植物细胞内成分有差异，特别是大分子蛋白质、碳水化合物等含量及分布上有不同。由于存在这些差异，所以在同样速冻条件下，冰结晶的生成量、位置、形状均不同，造成的机械损伤及胶体的损伤程度也不同。

4.3.2.3　化学变化

1. 蛋白质变性

速冻中的蛋白质变性是造成动物性食品品质（尤其是风味）下降的主要原因，这是由于肌动球蛋白凝固变性所致。

速冻中造成蛋白质变性的原因主要有盐类、糖类及磷酸盐的作用及脱水作用。冰结晶生成时，无机盐浓缩，盐析作用或盐类直接作用可使蛋白质变性。盐类中钙盐、镁盐等水溶性盐类能促进蛋白质变性，而磷酸盐等则能减缓蛋白质变性。冰结晶生成时，蛋白质分子失去结合水，也会使蛋白质分子受压后集中，互相凝聚。

按此原理，在制作鱼丸时将鱼肉搅碎后水洗以除去水溶性的钙盐、镁盐，然后再加0.5%磷酸盐溶液、5%葡萄糖溶液，调节 pH 至 6.5~7.2 后进行速冻，效果较好。

2. 变色

还原糖与氨化合物反应造成褐变。典型的例子是鳕鱼褐变。由于鱼死后肉中核酸系物质反应生成核糖，然后和氨化合物反应产生褐变。

酪氨酸酶的氧化造成虾的黑变。在速冻时常常发生虾类的头、胸、脚、关节处发生黑变现象，原因是氧化酶（酚酶、酚氧化酶）使酪氨酸产生黑色素所致。黑变与虾原料的鲜度有关，也与酚酶的活性及分布有关。氧化酶在虾的血液中活性最大，在胃、肠、生殖腺、外壳、触角、头部次之，因此可以采取去内脏、头、外壳或去血液，水洗后再速冻的方法，或者将其煮熟使酶失去活性，然后速冻的方法。这样就可有效地控制黑变。另外，氧化酶是好气性脱氧酶，所以采用真空包装、水溶性抗氧化剂或包冰后速冻和冻藏均有一定效果。

4.3.2.4 残留微生物的抑制及部分杀灭

对食品腐败影响最大的微生物是细菌。引起食物中毒的一般是中温菌，它们在10℃以下繁殖减缓，4.5℃以下不繁殖。速冻食品中的腐败菌一般是低温菌，它们在-10℃以下则停止繁殖。

食品的冻结就是指将食品的温度降到食品冻结点以下的某一预定温度（一般要求食品的中心温度达到-15℃或以下），使食品中的大部分水分冻结成冰结晶。常见的冻结食品，不仅有只经过初加工的新鲜状态的肉、禽、水产品、去壳蛋、水果、蔬菜等，还有不少加工品，如面包、点心、冰淇淋、果汁及名目繁多的预制冻结食品和预调理冻结食品等。合理冻结的食品在大小、形状、质地、色泽和风味方面一般不会发生明显的变化。目前，冻结食品已发展成为方便食品中的重要食品，在国外已成为家庭、餐馆、食堂膳食菜单中常见的食品。直到目前为止，还没有一种食品保藏方式能像冻结食品那样方便和新鲜，一般只要解冻和加热即可食用。特别是微波炉的出现和普及，使冻结食品的食用更加方便。当然冻结食品也有其局限性，如需要制冷设备，以及专用的冻藏库、机械制冷运输车、冷冻食品陈列柜、家用电冰箱等一系列的冷链，才能充分保证冻结食品的最终质量。

4.4 冻结方法

按生产过程的特性分，冻结系统可分为批量式、半连续式和连续式三类。按从产品中取出热量的方式分，冻结方式可分为吹风冻结、金属表面接触冻结和低温冻结三种基本类型以及它们的组合方式。

4.4.1 吹风冻结

吹风冻结装置用空气作为传热介质，可分为批量式（冷库、固定的吹风隧道、带推车的吹风隧道）和连续式（直线式、螺旋式和流化床式冻结器）。

4.4.2 金属表面接触冻结

产品与金属表面接触进行热交换，金属表面则由制冷剂的蒸发或载冷剂的吸热来进行冷却。冻结方式与吹风冻结相比有两个优点：传热效果好；不需要配置风机。但这种方式不适用于不规则形状产品的冻结。按照结构形式，金属表面接触冻结装置可分为带式、板式和筒式三种主要类型。

4.4.3 低温冻结

低温冻结采用液氮或液态二氧化碳作为制冷剂，常用于小批量生产、新产品开发、季节性生产或临时的超负荷状况。相对较低的温度可以使产品快速冻结，对保证产品质量和降低干耗都是十分有利的；但设备投资和运行费用较高。低温冻结设备则可以是箱式、直线式、螺旋式或浸液式。

4.5 食品在冻藏中的变化及其应对措施

冻结食品一般在-18℃以下的冻藏室中储藏，由于食品中90%以上的水分已冻结成冰，微生物已无法生长繁殖，食品中的酶也已受到很大的抑制，故可以进行较长时间的储藏。但是在冻藏过程中，由于冻藏温度的波动、空气中氧的作用等，还会缓慢地发生一系列的变化，使冻藏食品的品质有所下降。

4.5.1　食品在冻藏中的变化

4.5.1.1　冻藏食品的重结晶

重结晶是食品在冻藏期间反复解冻和再冻结后出现的一种冰结晶的体积增大现象。冻藏室内的温度波动是产生重结晶的原因。通常，食品细胞内的汁液浓度比细胞外的高，其冻结点也就比较低。当冻藏温度上升时，细胞内的冻结点较低部分的冰结晶首先融化，经细胞膜扩散到细胞间隙内，当冻藏温度下降时，这些外渗的水分就在未融化的冰结晶周围再次结晶，使冰结晶长大。重结晶的程度取决于单位时间内冻藏温度波动的次数和程度。波动幅度越大，波动次数越多，则重结晶的现象就越严重。因此，即使食品在快速冻结的条件下形成细小均匀的冰结晶，若冻藏条件不好，冰结晶会迅速长大，而数量迅速变少，这样会严重破坏食品的组织结构。总之，重结晶会使冻藏食品受到缓慢冻结那样的伤害。

即使食品冻藏条件良好，温度的波动也难以完全避免。例如，使用现代温度控制系统时，冻藏室的温度波动一般大约2h一次，每个月将循环360次。在−18℃的冻藏室，温度波动范围即使只有3℃之差，对食品的品质仍然会有损害。在有限的传热速率的影响下，不论冻藏室的温度如何波动，食品内部的温度波动常会出现滞后的现象，因此食品内部的温度波动范围必然比冻藏室的小。冻藏食品一般要储藏较长的时间，而冻结食品内部的冰结晶的大小不可能全部均匀一致，根据小冰结晶上的蒸汽压恒大于大冰结晶上的蒸汽压的原理，小冰结晶必然要向大冰结晶以蒸汽的形式发生转移，储藏时间越长，转移的数量就越多。因此，在正常的冻藏条件下，食品内部的冰结晶仍会发生长大的情况。表4-5为冻藏时间对冰结晶大小的影响。

表 4-5　冻藏时间对冰结晶大小的影响

冻藏时间/d	冰结晶的直径/μm	解冻后肉的组织状态	冻藏时间/d	冰结晶的直径/μm	解冻后肉的组织状态
刚冻结	70	完全回复	30	125	略有回复
7	84	完全回复	45	140	略有回复
14	115	组织不规则	60	160	未能回复

4.5.1.2　冻藏食品的干耗和冻结烧

和食品冷藏时一样，冻结食品在冻藏室内储藏时同样会发生干耗现象，所不同的是冻藏食品内的水分直接从固态以冰结晶升华的方式进入周围的空气中，而不是以液态汽化的方式。冻藏食品表面冰结晶升华所需要的升华热来自冻藏食品本身，也来自外界通过隔热结构传入的热量，以及冻藏室内的电灯和操作人员产生的热量等。开始时仅仅是在冻藏食品的表面发生冰结晶升华，冻藏一段时间后，食品表面就会出现脱水多孔层。随着冻藏时间的延长，脱水多孔层会不断地加深，同时会被空气充满，使食品受到强烈的氧化作用。在氧的作用下，食品中的脂肪氧化酸败，表面发生黄褐变，使食品的色、香、味和营养价值都变差，这种现象称为冻结烧。

导致冻藏食品的干耗的关键性因素是外界传入冻藏室内的热量和冻藏室内的空气对流。当外界向冻藏室传入热量后，冻藏室内壁附近的空气温度上升，相对湿度下降。这样冻藏室内壁附近的空气温度就和冷却排管附近的低温空气形成温度差，促使空气形成自然对流。食品表面的水分吸收了传递来的热量，在水蒸气压差或湿含量差的作用下，向周围的空气中蒸发，从而增加了空气的热含量和湿含量，这些空气和冷却排管接触，其所含的部分水分就会在冷却排管的表面冷凝、结霜，同时放出热量。这样，这些空气又成为低温、低湿的空气，再次与室内壁和冻藏食品进行热交换、湿交换。

冻藏食品的干耗主要取决于外界传入冻藏室的热量。气温越高的季节或地区，冻藏食品的干耗量就越大。以牛肉为例，夏季冻藏牛肉的干耗量大于冬季，南方地区的冻藏牛肉的干耗量大于北方地区。再者，冻藏室内的空气对流速度越大，冻藏食品的干耗量也越大。冻藏室越小，冻藏食品的干耗量也越大。在空气自然对流的情况下，冻藏室内的空气温度与冷却排管内的制冷剂的蒸发温度的温差越大，冻藏食品的干耗量也越大。食品堆装的紧密度越大，冻藏食品的干耗量越小，而且干耗主要发生在货堆周围的外露部分。冻藏室内堆垛的冻藏食品越多，则冻藏食品的相对干耗量越小。另外，冻藏室内的温度越低、相对湿度越高、空气流速越小，则冻藏食品的干耗量越小。还有就是对冻藏食品镀冰衣或用不透蒸汽的塑料袋包装，可显著减小冻藏食品的干耗量。

冻藏食品的冻结烧是由冻藏食品内的冰结晶升华引起的，因此减少冻藏食品的干耗量的同时可降低冻藏食品的冻结烧的程度。在镀冰衣的水中加入抗氧化剂（如抗坏血酸、生育酚）可防止或降低冻藏食品的冻结烧。

用清水给冻结鱼镀冰衣后，在冻藏期间由于冰结晶升华，一般约隔三个月就要再镀一次冰衣。可在镀冰衣的水中加入羧甲基纤维素或海藻酸钠等，能使冰衣的使用寿命延长2～3倍。

4.5.1.3 冻藏食品的变色

凡是在常温下能够发生的变色现象，在长期的冻藏过程中都会发生，只是变化的速度十分缓慢。

（1）脂肪的变色　多脂肪鱼类，如带鱼、沙丁鱼、大马哈鱼等，在冻藏过程中会发生黄褐变。这主要是由于鱼体中的脂肪含有的高度不饱和脂肪酸易被空气中的氧所氧化。

（2）蔬菜的变色　速冻蔬菜在冻结前应进行热烫处理，若热烫处理不够，在冻藏过程中会变成黄褐色。这种变色是由于未被钝化的多酚氧化酶、叶绿素酶或过氧化物酶所引起的。

（3）红色肉的变色　金枪鱼在冻藏过程中会发生褐变，这是因为含有2价铁离子的肌红蛋白和氧合肌红蛋白在空气中氧的作用下生成含有3价铁离子的氧化肌红蛋白。牲畜的肉也是红色肉，肉类在冻藏过程中的褐变与金枪鱼的褐变是同样的原理。

（4）鱼肉的绿变　箭鱼的鱼肉在冻藏过程中会发生绿变。这是由于鱼类鲜度降低时会产生硫化氢，硫化氢与肌肉中的肌红蛋白、血液中的血红蛋白起反应，生成硫肌红蛋白和硫血红蛋白。

（5）虾的黑变　虾类在冻藏过程中会发生黑变，主要原因是氧化酶（酚酶）在低温下仍有一定的活性，使酪氨酸变成黑色素。

4.5.2 冻藏期可能发生变化的应对措施

对冻制品水分蒸发有影响的因素有空气热力学性质、食品的种类和形态、货物堆放的方法和位置等。

外界传入热量后，室内壁附近空气浓度和吸湿能力上升，与冷却排管附近空气形成温差——自然循环对流，所以食品干缩取决于经冷冻库周围绝热层渗入室内的热量。储藏室越小，单位容积所占表面积越大，因而进入室内的热量越多，同时对流循环路线越短，食品与空气接触的机会越多，因而热量和水分转移量也大。

堆装量不足，干缩量增加（外来热源引起热交换情况不变，湿热交换集中在少量食品上）。在冻制食品堆上覆盖任何不透蒸汽的覆盖物（如油布），可降低干缩量。

4.6　冻藏食品的储存期

对于已冻结的食品来说，冻藏温度越低，品质保持也越好。但是考虑到设备费、电费等日常运转费用，就存在一个经济性问题。另外，有些农产品、渔获物都是以季或年为周期收获或渔获一次，食品的冻藏期太长没有多大的意义。-18℃对于大部分冻结食品来讲是最经济的冻藏温度，在此温度下大部分冻结食品可做约一年的冻藏而不失去商品价值。

人们使用高品质寿命和实用储存期两个概念来表示食品在冻藏中的品质保持时间。高品质寿命（HQL）是指在所使用冻藏温度下的冻结食品与在-40℃温度下的冻藏食品相比较，当采用科学的感官鉴定方法刚刚能够判定出二者的差别时，此时所经过的时间。实用储存期（PSL）是指经过冻藏的食品，仍保持着对一般消费者或作为加工原料使用无妨的感官品质指标时所经过的冻藏时间。1972年，国际制冷学会所推荐的各种冻结食品的冻藏温度与实用储藏期见表4-6。

表 4-6　冻结食品的冻藏温度和实用储藏期

冻结食品	储藏期/月			冻结食品	储藏期/月		
	-18℃	-25℃	-30℃		-18℃	-25℃	-30℃
牛白条肉	12	18	24	少脂肪鱼	8	18	24
小牛白条肉	9	12	24	多脂肪鱼	4	8	12
羊白条肉	9	12	24	加糖的桃、杏或樱桃	12	18	24
猪白条肉	6	12	15	不加糖的草莓	12	18	24
加糖的草莓	18	>24	>24	冰淇淋	6	12	18
柑橘类或其他水果的果汁	24	>24	>24	蛋糕	12	24	>24
扁豆	18	>24	>24	菜花	15	>24	>24
胡萝卜	18	>24	>24	甘蓝	15	24	>24
虾	6	12	12	带穗芯的玉米	12	18	24
龙虾和蟹	6	12	15	豌豆	18	>24	>24
虾（真空包装）	12	15	18	菠菜	18	>24	>24
牡蛎	4	10	12	鸡（去内脏、包装好）	12	24	24
奶油	6	12	18				

我国目前对冻结食品采用的冻藏温度大多为-18℃。随着人们对食品质量的要求越来越高，近年来国际上冻结食品的冻藏温度逐渐趋向低温化，一般都是-30～-25℃，特别是冻结水产品的冻藏温度更低。美国学者认为冻结水产品的冻藏温度应在-29℃以下。

4.7　冻藏食品的解冻

解冻是冻藏食品的温度回升至冻结点以上的过程，是冻结的逆过程。

冻藏食品的解冻就是使食品内冰结晶状态的水分转化为液态，同时恢复食品原有状态和特性的工艺过程。

4.7.1 解冻工艺

解冻是冻结食品在消费前或进一步加工前必经的步骤，不过有的冻结食品，如冰淇淋、雪糕和冰棒等例外。小型包装的速冻食品（如速冻蔬菜等）的解冻，还常和烹调加工结合在一起同时进行。

大部分食品冻结时，水分或多或少会从细胞内向细胞间隙转移，因此尽可能恢复水分在食品未冻结前的分布状态是解冻过程中很值得重视的问题。若解冻不当，极易引起食品的大量汁液流失。解冻时必须尽最大努力保存加工时必要的品质，使品质的变化或数量上的损耗都降到最低。

在解冻过程中，随着温度的上升，食品细胞内冻结点较低的冰结晶首先融化，然后细胞间隙内冻结点较高的冰结晶才融化。由于细胞外的溶液浓度比细胞内低，水分就逐渐向细胞内渗透，并且按照细胞亲水胶质体的可逆程度重新吸收。实际上要使冻结食品的水分恢复到未冻结前的分布状态并非易事。其一，细胞受到冰结晶的损害后，显著降低了它们原有的持水能力。其二，细胞的化学成分，主要是蛋白质的溶胀力受到了损害。其三，冻结使食品的组织结构和介质的 pH 发生了变化，同时复杂的大分子有机物质有一部分分解为较为简单的和持水能力较弱的物质。

某肉类食品的冻结和解冻曲线如图 4-3 所示。从图可以看出，肉类食品的冻结曲线与其解冻曲线有相似之处，即在 $-5 \sim -1℃$ 的冰结晶最大生成带，肉中心的温度变化都比较缓慢。所不同的是肉中心在解冻过程中通过 $-5 \sim -1℃$ 温度区的温度变化比肉中心冻结时的温度变化缓慢得多。与冻结过程相类似，$-5 \sim 1℃$ 是冰结晶最大融解带，也应尽快通过，以免食品品质过度下降。

食品解冻时，温度升高及空气中的水分在冻结食品表面上的凝结，都会加剧微生物的生

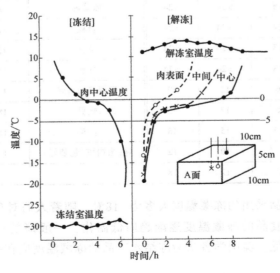

图 4-3 某肉类食品的冻结和解冻曲线

○—肉表面深 1cm ×—肉中心深 2.5cm，距 A 面 2.5cm

●—肉中心深 2.5cm，距 A 面 5cm

长繁殖，加速生化变化；而且这些变化远比未冻结食品强烈得多。这主要是由于食品冻结后，食品的组织结构在不同程度上受到冰结晶的破坏，这为微生物向食品的内部入侵提供了方便。食品解冻时的温度越高，越有利于微生物生长活动并导致食品腐败变质，因此，在解冻过程中应设法将微生物活动和食品的品质变化降低到最缓慢的程度。为此，首先必须尽一切可能降低冻结食品的污染程度。其次，在缓慢解冻时尽可能采用较低的解冻温度。解冻介质的温度不宜太高，一般不超过10℃。

4.7.2　解冻方法

解冻方法有外部加热解冻法和内部加热解冻法两种。

外部加热解冻法包括空气解冻、水解冻、接触解冻和水蒸气凝结解冻。水蒸气凝结解冻也称为真空解冻，原理为在真空状态下，水在低温时就沸腾，沸腾时形成的水蒸气遇到更低温度的冰结晶时就在其表面凝结成水珠，蒸汽凝结成水珠时放出相变潜热，使冻结食品解冻。

内部加热解冻法是一种利用高频电流或微波，使食品内部各部位同时受热的解冻方法。此方法比外部加热解冻法的解冻速度快得多。

思考与练习题

1. 冷冻保藏可分为哪两大类？
2. 食品的冷却方法有哪些？分别用于哪些情况？
3. 食品在冻结过程中有哪些变化？
4. 什么是冷藏食品的储存期？

项目二

肉类冷加工技术

单元五　肉的组成结构与特性

 学习目标

终极目标：掌握宰后肉的变化对其品质的影响。

促成目标：

1) 了解肉的组织结构。

2) 了解肉的化学成分。

3) 熟悉肉的食用品质及其影响因素。

4) 掌握宰后肉的变化及其影响因素。

 相关知识

5.1　肉的组织结构

肉，一般是指畜禽经屠宰、放血后除去鬃毛、内脏、头、尾及四肢下部（腕及关节以下）后的躯体部分，包括肌肉、脂肪、骨、软骨、筋膜、神经、脉管等各种组织。去除的内脏、头、尾、蹄爪统称为副产品或杂碎。

从结构学的观点来看，肉是由各种组织组成的，包括肌肉组织、脂肪组织、骨骼组织和结缔组织等，其中肌肉组织和脂肪组织是肉的主要营养价值所在。

5.1.1　肌肉组织

肌肉组织又称骨骼肌，是肉的主要组成部分，可分为横纹肌、心肌、平滑肌三种，占胴体的 50%～60%，具有较高的食用价值和商品价值。

肌肉是由许多肌纤维和少量结缔组织、脂肪组织、腱、血管、神经、淋巴等组成的。从组织学看，肌肉组织是由丝状的肌纤维集合而成的，每 50～150 根肌纤维由一层薄膜所包围形成初级肌束。由数十个初级肌束集结并被稍厚的膜所包围形成次级肌束。由数个次级肌束集结，外表包着较厚的膜，构成了肌肉。构成肌肉的基本单位是肌纤维，也称为肌纤维细胞，是细长的多核的纤维细胞，长度由数毫米到 20cm，直径只有 10～100μm。在显微镜下可以看到肌纤维细胞沿细胞纵轴平行、有规则排列的明暗条纹，所以称为横纹肌。肌纤维是由肌原纤维、肌浆、细胞核和肌鞘构成的。肌原纤维是肌纤维的主要组成部分，直径为 0.5～3.0μm。肌肉的收缩和伸长就是由肌原纤维的收缩和伸长所致。肌浆是充满于肌原纤

维之间的胶体溶液，呈红色，含有大量的肌溶蛋白和参与糖代谢的多种酶类。此外，还含有肌红蛋白。由于肌肉的功能不同，在肌浆中肌红蛋白的数量不同，这就使不同部位的肌肉颜色深浅不一。

5.1.2　脂肪组织

脂肪组织俗称肥肉，是大量脂肪细胞由结缔组织相连而成的，占胴体的 15%～45%，因肉的肥瘦程度不同而有很大差异。脂肪组织的存在形式有多种：一种分布在肌肉中与蛋白质结合形成肌间脂肪，使肉烹饪后的滋味、香气更好；另一种分布在皮下，形成皮下脂肪，起到储备能量的作用；还有一种分布在腹腔和心脏、胃、肾脏等器官周围，起到保护脏器的作用。

脂肪组织的组成以饱和脂肪酸为主，多数是硬脂酸、软脂酸；内脏组织中还包括少量的卵磷脂、脑磷脂、胆固醇、脂溶性维生素和脂溶性色素等。

5.1.3　结缔组织

结缔组织是肉的次要成分，在动物体内对各器官组织起到支持和连接作用，使肌肉保持一定弹性和硬度。结缔组织由细胞、纤维和无定形的基质组成。细胞为成纤维细胞，存在于纤维中间；纤维由蛋白质分子聚合而成，可分为胶原纤维、弹性纤维和网状纤维三种。

胶原纤维呈白色，故称为白纤维。纤维呈波纹状，分散于基质内。纤维长度不定，粗细不等；直径为 1～12μm，有韧性及弹性，每条纤维由更细的胶原纤维组成。胶原纤维主要由胶原蛋白组成，胶原蛋白是肌腱、皮肤、软骨等组织的主要成分，在沸水或弱酸中变成明胶，易被酸性胃液消化，而不被碱性胰液消化。

弹性纤维色黄，故又称为黄纤维。弹性纤维有弹性，粗细不同而有分支，直径为 0.2～12μm。在沸水、弱酸或弱碱中不溶解，但可被胃液和胰液消化。弹性纤维的主要化学成分为弹性蛋白，在血管壁、项韧带等组织中含量较高。

网状纤维主要分布于输送结缔组织与其他组织的交界处，如在上皮组织的膜中、脂肪组织、毛细血管周围均可见到极细致的网状纤维，在基质中很容易附着较多的黏多糖蛋白，可被硝酸银染成黑色，其主要成分是网状蛋白。

结缔组织的含量取决于年龄、性别、营养状况及运动等因素。老龄、公畜、消瘦及使役动物的结缔组织含量高。同一动物不同部位的含量也不同，一般来讲，前躯由于支持沉重的头部而结缔组织较后躯发达，下躯较上躯发达。

5.1.4　骨组织

骨由骨膜、骨质和骨髓构成。骨膜是由结缔组织形成的保卫在骨骼表面的一层硬膜，里面有神经、血管。成年动物骨骼的含量比较恒定，变动幅度较小。猪骨占胴体的 5%～9%，牛骨占 15%～20%，羊骨占 8%～17%，兔骨占 12%～15%，鸡骨占 8%～17%。骨的含水量为 40%～50%，胶原蛋白含量为 20%～30%，无机质的含量为 20%。无机质的成分主要是钙和磷。

5.2　肉的化学成分

肉是由许多不同的化学成分组成的，主要包括水分、蛋白质、脂肪、浸出物、维生素和矿物质等化学成分。表 5-1 为几种常见动物肉的化学成分。

表 5-1 几种常见动物肉的化学成分

名称	化学成分含量(%)					热量/(J/kg)
	水分	蛋白质	脂肪	碳水化合物	灰分	
牛肉	72.91	20.07	6.48	0.25	0.92	6186.4
羊肉	75.17	16.35	7.98	0.31	1.92	5893.8
肥猪肉	47.40	14.54	37.34	—	0.72	13731.3
瘦猪肉	72.55	20.08	6.63	—	1.10	4869.7
马肉	75.90	20.10	2.20	1.33	0.95	4305.4
鹿肉	78.00	19.50	2.25	—	1.20	5358.8
兔肉	73.47	24.25	1.91	0.16	1.52	4890.6
鸡肉	71.80	19.50	7.80	0.42	0.96	6353.6
鸭肉	71.24	23.73	2.65	2.33	1.19	5099.6
骆驼肉	76.14	20.75	2.21	—	0.90	3093.2

5.2.1 水分

水分是肉中含量最多的成分,不同组织中的水分含量差异很大,其中肌肉的含水量为70%~80%,皮肤为60%~70%,骨骼为12%~15%。畜禽越肥,水分含量越少,老年动物比幼年动物的水分含量少。肉中水分含量的多少及存在状态影响肉的加工质量及储藏性。肉中水分的存在形式大致可分为结合水和自由水两种。

5.2.1.1 结合水

肉中结合水的含量大约占水分总量的5%,通常在蛋白质等分子周围,借助分子表面分布的极性基团与水分子之间的静电引力而形成一薄层水分。结合水与自由水的性质不同,它的蒸汽压极度低,冰点约为-40℃,不能作为其他物质的溶剂,不易受蛋白质的结构或电荷的影响,甚至在施加外力的条件下,也不能改变其与蛋白质分子紧密结合的状态。通常这部分水分布在肌肉的细胞内部。

5.2.1.2 自由水

自由水约占水分总量的85%。其中一部分存在于肌肉细胞外间隙中,还有一部分存在于肌纤丝、肌原纤维及肌膜之间。后者又称为不易流动水,这部分水易受蛋白质结构和电荷变化的影响,肉的保水性能主要取决于此类水的保持能力。

5.2.2 蛋白质

肌肉中除水分外主要的成分是蛋白质,占18%~20%,占肉中固形物的80%,依其构成和在盐溶液中的溶解度可分成三种,即肌原纤维蛋白质、肌浆蛋白质和肉基质蛋白质。

5.2.2.1 肌原纤维蛋白质

肌原纤维是肌肉收缩的单位,由丝状的蛋白质凝胶构成。肌原纤维蛋白质的含量随肌肉活动而增加,并因静止或萎缩而减少。而且,肌原纤维中的蛋白质与肉的某些重要品质特性(如嫩度)密切相关。肌原纤维蛋白质占肌肉蛋白质总量的40%~60%,主要包括肌球蛋白、肌动蛋白、肌动球蛋白和2~3种调节性结构蛋白质。

5.2.2.2 肌浆蛋白质

肌浆是浸透于肌原纤维内外的液体,含有机物与无机物,一般占肉中蛋白质总量的

20%~30%。通常对磨碎的肌肉进行压榨便可挤出肌浆。它包括肌溶蛋白、肌红蛋白、肌球蛋白 X 和肌粒中的蛋白质等。这些蛋白质易溶于水或低离子强度的中性盐溶液，是肉中最易提取的蛋白质，故称为肌肉的可溶性蛋白质。

5.2.2.3 肉基质蛋白质

肉基质蛋白质也称为间质蛋白质，是指肌肉组织磨碎之后在高浓度的中性溶液中充分抽提之后的残渣部分。肉基质蛋白质是构成肌内膜、肌束膜和腱的主要成分，包括胶原蛋白、弹性蛋白、网状蛋白及黏蛋白等，存在于结缔组织的纤维及基质中，它们均属于硬蛋白类。

5.2.3 脂肪

动物的脂肪可分为蓄积脂肪和组织脂肪两大类。蓄积脂肪包括皮下脂肪、肾周围脂肪、大网膜脂肪及肌间脂肪等。组织脂肪为脏器内的脂肪。动物性脂肪的主要成分是甘油三酯，约占总脂肪含量的 90%，还有少量的磷脂和固醇。肉类脂肪有 20 多种脂肪酸，其中饱和脂肪酸以硬脂酸和软脂酸居多；不饱和脂肪酸以油酸居多，其次是亚油酸。磷脂及胆固醇所构成的脂肪酸酯类是能量来源之一，也是构成细胞的特殊成分，它对肉类制品的质量、颜色、气味具有重要作用。不同动物脂肪的脂肪酸组成不一致，相对来说，鸡脂肪和猪脂肪中含不饱和脂肪酸较多，牛脂肪和羊脂肪中含不饱和脂肪酸较少。

5.2.4 浸出物

浸出物是指除蛋白质、盐类、维生素外能溶于水的浸出性物质，包括含氮浸出物和无氮浸出物。

5.2.4.1 含氮浸出物

含氮浸出物为非蛋白质的含氮物质，如游离氨基酸、磷酸肌酸、核苷酸类（ATP、ADP、AMP、IMP）及肌苷、尿素等。这些物质可以影响肉的风味，是香气的主要来源。例如，ATP 除供给肌肉收缩的能量外，还可逐级降解为肌苷酸，其是肉香的主要成分；磷酸肌酸可分解成肌酸，肌酸在酸性条件下加热成为肌酐，可增强熟肉的风味。

5.2.4.2 无氮浸出物

无氮浸出物为不含氮的可浸出的有机化合物，包括糖类化合物和有机酸。无氮浸出物主要是糖原、葡萄糖、麦芽糖、核糖、糊精，有机酸主要是乳酸及少量甲酸、乙酸、丁酸、延胡索酸等。糖原主要存在于肝脏和肌肉中，肌肉中含 0.3%~0.8%，肝脏中含 2%~8%。马肉中的肌糖原含量在 2% 以上。若屠宰前动物消瘦、疲劳及病态，则肉中的糖原储备就少。肌糖原含量多少，对肉的 pH、保水性、颜色等均有影响，并且影响肉的保藏性。

5.2.5 维生素

肉中维生素主要有维生素 A、维生素 B_1、维生素 B_2、烟酸、叶酸、维生素 C、维生素 D 等。其中脂溶性维生素较少，但水溶性 B 族维生素含量丰富。猪肉中维生素 B_1 的含量比其他肉类要多得多，而牛肉中叶酸的含量则又比猪肉和羊肉高。此外，在动物的肝脏中，几乎各种维生素含量都很高。肉中主要维生素含量见表 5-2。

5.2.6 矿物质

矿物质是指一些无机盐类和元素，含量占肉的 1.5% 左右。无机盐在肉中有的以游离状态存在，如镁离子、钙离子；有的以螯合状态存在，如肌红蛋白中含铁、核蛋白中含磷。肉中尚含有微量的锰、铜、锌、镍等。肉中主要矿物质含量见表 5-3。

表 5-2　肉中主要维生素的含量　　　　　（单位：mg/100g）

畜肉	维生素 A	维生素 B_1	维生素 B_2	烟酸	泛酸	生物素	叶酸	维生素 B_6	维生素 B_{12}	维生素 D
牛肉	微量	0.07	0.20	5.0	0.4	3.0	10.0	0.3	2.0	微量
小牛肉	微量	0.10	0.25	7.0	0.6	5.0	5.0	0.3	2.0	微量
猪肉	微量	1.0	0.20	5.0	0.6	4.0	3.0	0.5	2.0	微量
羊肉	微量	0.15	0.25	5.0	0.5	3.0	3.0	0.4	2.0	微量

表 5-3　肉中主要矿物质的含量　　　　　（单位：mg/100g）

矿物质	钙	镁	锌	钠	钾	铁	磷	氯
含量	2.6~8.2	14~31.8	1.2~8.3	36~85	297~451	1.5~5.5	10~21.3	34~91
平均值（多样本）	4.0	21.1	4.2	38.5	395	2.7	20.1	51.4

5.3　屠宰后肉的变化

屠宰后的畜禽肉，在一定温度下放置一定时间，肉会发生一系列的生物化学变化，即僵直、解僵、成熟等变化。若成熟后的肉储藏不当，在外界微生物的作用下还会发生腐败，以至不能食用。肉品工业生产中，要控制尸僵，促进成熟，防止腐败。

5.3.1　死后僵直

刚屠宰后的肉呈中性或弱碱性（pH 为 7.0~7.2），肉质松软，并有很高的持水性；但经过几小时后，肌肉便会变得僵硬和收缩，失去柔软的特性，肉体变得坚硬，缺乏汁液，失去肉特有的风味，这种现象称为"死后僵直"。

屠宰后的肉，随着血液和氧气供应的停止，肌肉组织内的正常代谢中断，肌肉随之失去生命特征。此时，肉内糖原在无氧条件下分解产生乳酸，致使肉的 pH 下降，由刚屠宰的弱碱性很快变为酸性。当乳酸生成到一定界限时，分解糖原的酶类逐渐失去活力，而无机磷酸化酶的活性大大增强，开始促使三磷酸腺苷迅速分解，形成磷酸，因而 pH 可以继续下降直至 5.4，一般肉类的 pH 为 5.4~6.7 时即僵硬。

肌肉僵硬出现的迟早和持续时间的长短与动物的种类、年龄、生前生活状态及环境温度、屠宰方法有关。肉类屠宰后僵硬的时间分别为：牛肉 10~30h，猪肉 4~8h，禽肉 2~4h。

处在僵直期的肉，商品价值和营养价值均较低，对食用和加工都是不利的。因此，在加工中应避开肉的僵直期，将肉导向成熟期。但从肉类储藏的角度来看，应尽量延长肉类的僵直期。

5.3.2　解僵成熟

肌肉死后僵直达到顶点并保持一段时间后，将再行逐渐软化，解除僵直状态，并在以后的一段时间内持续嫩化。这种由于肌肉中自行分解酶的作用，使僵直的肉变得柔嫩多汁并具有芳香味的过程，称为解僵成熟。解僵成熟的过程称为排酸，成熟肉也称为排酸肉，成熟肉的 pH 在 5.7~6.8。

肉成熟时，pH 偏离了蛋白质等电点，肌动球蛋白解离为肌动蛋白和肌球蛋白，使蛋白质结构疏松，有助于蛋白质水合离子的形成，因而肉的保水性增加。伴随肉的成熟，蛋白质在酶的作用下，肽键解离，从而促使成熟过程中肌肉中盐溶性蛋白质的浸出性增强，部分蛋白质水解为氨基酸，肉的水合力增强，变得柔嫩多汁。

成熟的肉之所以芳香，是由于在软化过程中，蛋白质分解产生游离的谷氨酸，三磷酸腺苷分解产生游离的次黄嘌呤核苷酸（IMP），磷酸肌酸分解成肌苷酸，这些生成物均为风味成分、前体物或味质增强剂。

由于成熟过程实际上是在酶作用下自身组织的分解过程，所以肉的成熟过程与温度有关。温度高则成熟时间短，温度低则延缓成熟过程。例如，在0℃时，一般牛肉需经10～14d成熟，5℃时需7～8d，10℃时需4～5d，15℃时需2～3d，29℃时只需几个小时即可成熟。可见，调节肉的温度就能改变和控制肉成熟所需的时间，成熟方法也就分为低温成熟和高温成熟。但是用提高温度的办法促进肉的成熟是有危险性的，因为不适宜的温度也会促进微生物的生长繁殖。因此，肉的成熟温度和时间不同，肉品质量也不同（表5-4）。

表5-4　成熟方法与肉品质量

温度	类型	时间	肉品质量	耐储藏性
0～4℃	低温成熟	时间长	肉质好	耐储藏
7～20℃	中温成熟	时间较短	肉质一般	不耐储藏
>20℃	高温成熟	时间短	肉质劣化	易腐败

通常在1℃、硬度消失80%的情况下，成年牛肉成熟需5～10d，猪肉需4～6d，马肉需3～5d，鸡肉需0.5～1d，羊肉和兔肉需8～9d。

成熟的时间越长，肉越柔软，但风味并不相应增强。牛肉以1℃、11d成熟为最佳；猪肉由于不饱和脂肪酸较多，时间长时易氧化而使风味变劣。羊肉因自然硬度小（结缔组织含量少），通常采用2～3d成熟。

5.3.3　肉的自溶

成熟后的肉仍在不断地发生变化，肌肉组织成分发生分解，致使肉的鲜度下降、风味消失，这时即进入了肉的自溶阶段。

肉在成熟过程中，因为糖原分解为乳酸，使pH下降，肉趋酸性，酸性环境不利于腐败菌生长，但酵母菌和霉菌易繁殖，并分泌出蛋白酶，使其活性增强，造成蛋白质进一步分解，产生氨和挥发性盐基氮等。其分解产物中有的具有碱性，能中和肌肉中的乳酸，使肌肉的pH上升，趋于碱性，为腐败微生物的繁殖创造了有利条件。此时，肉的弹性逐渐消失，肉质变软，肉的边缘显出棕褐色。同时，肉的脂肪也开始分解，产生轻微的酸败气味，使其储藏性降低。因此，自溶阶段的肉应尽快加工食用，不宜再做储藏。

自溶是承接或伴随着成熟过程进行的，两者之间无明显界限；自溶和后续的腐败之间也无绝对界限。自溶和腐败的主要区别在于自溶过程只分解蛋白质至可溶性氮与氨基酸为止，即分解至某种程度达到平衡状态时就不再分解了。

5.3.4　肉的腐败

自溶阶段进一步发展，微生物的作用逐步加剧，肉中的营养物质被分解成各种低级产物，这种肉类因外界因素作用而产生大量人体所不需要的物质的现象，称为肉的腐败。肉的腐败主要包括蛋白质的腐败、脂肪的酸败和糖的发酵几种作用。

肉在成熟和自溶阶段的分解产物为微生物的生长、繁殖提供了良好的营养物质。随着时间的推移，微生物大量繁殖，必然导致肉的更加旺盛和复杂的分解过程。此时，蛋白质不仅被分解成氨基酸，而且使氨基酸发生脱氨现象，生成氨和相应的酮酸；还使氨基酸脱去羧基，生成相应的胺类等更低级的产物。在蛋白质、氨基酸的分解代谢产物中，酰胺、尸胺、腐胺、组胺和吲哚等对人体有毒，而吲哚、甲基吲哚、甲胺、硫化氢等具恶臭，是肉类腐败后臭味的来源。

微生物对脂肪的作用则表现在两类酶促反应：一类是由其自身所分泌的脂肪酶分解脂肪，产生游离的脂肪酸和甘油；另一类则是由氧化酶通过 β-氧化作用氧化脂肪酸。这些反应的某些产物常被认为是酸败气味和滋味的来源。但是，肉和肉制品中严重的酸败问题不是由微生物引起的，而是肉类与空气中的氧气在光线、温度及金属离子作用下发生氧化的结果。

糖类是许多微生物优先利用作为其生长的能源。好气性微生物在肉表面生长，通常把糖类完全氧化成二氧化碳和水。如果氧的供应受阻或因其他原因而氧化不完全时，则有一定程度的有机酸积累，肉的酸味即由此而来。

肉发生腐败的外观特征主要表现为色泽由鲜红色、暗红色变成暗褐色甚至黑绿色，失去光泽而显得污浊，表面发黏，气味发生恶化。其中，肉的表面发黏是微生物作用而发生腐败的主要标志，也是评定肉质变化的重要依据。

从肉类储藏期间变化的四个阶段情况可知，如果要保持肉品质量，就必须把肉的成熟阶段保持到消费的最后。也就是说，延长死后僵直阶段的持续时间，是肉类保鲜的关键，而采用冷冻技术则是一种行之有效的措施。

5.4　肉的食用品质

肉的食用品质主要是指肉的色泽、风味、嫩度及肉的保水性等。这些性质在肉的加工储藏中直接影响其质量。

5.4.1　色泽

肉的颜色对肉的营养价值并无太大影响，但在某种程度上影响食欲和商品价值，如果是微生物引起的色泽变化则影响其卫生质量。

5.4.1.1　形成肉色的物质

肉的颜色本质上是由肌红蛋白（Mb）和血红蛋白（Hb）产生的。肌红蛋白为肉自身的色素蛋白，肉色的深浅与其含量多少有关。血红蛋白存在于血液中，对肉颜色的影响视放血是否充分而定，在肉中血液残留多则血红蛋白含量也多，肉色深。放血充分则肉色正常，放血不充分或不放血的肉色深且暗。

5.4.1.2　肌红蛋白的变化

肌红蛋白本身为紫红色，与氧结合可生成氧合肌红蛋白，为鲜红色，是新鲜肉的象征；肌红蛋白和氧合肌红蛋白均可以被氧化生成高铁肌红蛋白，呈褐色，使肉色变暗（图5-1）；肌红蛋白与亚硝酸盐反应可生成亚硝基肌红蛋白，呈亮红色，是腌肉加热后的典型色泽。

5.4.1.3　影响肌肉色泽的因素

（1）氧含量　环境中氧的含量决定了肌红蛋白是形成氧合肌红蛋白还是高铁肌红蛋白，从而直接影响到肉的颜色。

（2）湿度　环境中湿度大，则氧化速度慢，因在肉表面有水汽层，影响氧的扩散。如果湿度低且空气流速快，则加速高铁肌红蛋白的形成，使肉色变褐快。例如，牛肉在8℃冷

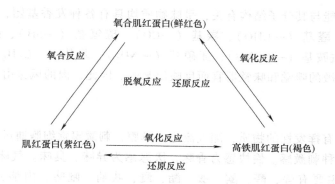

图 5-1　肌红蛋白、氧合肌红蛋白和高铁肌红蛋白之间的转化

藏时，相对湿度为 70%，2d 变褐；相对湿度为 100%，4d 变褐。

（3）温度　环境温度高则促进氧化，温度低则氧化速度慢。例如，牛肉 3～5℃ 储藏 9d变褐，0℃ 时储藏 18d 才变褐。因此为了防止肉变褐，尽可能在低温下储藏。

（4）pH　动物在宰前糖原消耗过多，尸僵后肉的极限 pH 高，易出现生理异常肉，如牛肉出现黑干肉（DFD 肉），这种肉颜色较正常肉深暗。而猪肉则易出现白肌肉（PSE 肉），使肉色变得苍白。

（5）微生物　肉储藏时被微生物污染会使肉表面颜色改变。细菌污染时，分解蛋白质使肉色污浊；霉菌污染时，在肉表面形成白色、红色、绿色、黑色等色斑或发出荧光。

影响肉颜色变化的因素见表 5-5。

表 5-5　影响肉颜色变化的因素

因　素	影　响
肌红蛋白含量	含量越多,颜色越深
品种、解剖位置	牛肉、羊肉颜色较深;猪肉次之;禽腿肉为红色,而胸肉为浅白色
年龄	年龄越大,肌红蛋白的含量越高,肉色越深
运动	运动量大的肌肉中肌红蛋白的含量高,肉色深
pH	终 pH>6.0,不利于氧合肌红蛋白形成,肉色黑暗
肌红蛋白的化学状态	氧合肌红蛋白呈鲜红色,高铁肌红蛋白呈褐色
细菌繁殖	促进高铁肌红蛋白形成,肉色变暗
电刺激	有利于改善牛、羊的肉色
宰后处理	迅速冷却有利于肉保持鲜红的颜色
温度	温度升高促进肌红蛋白氧化,肉色变深
腌制(亚硝基形成)	生成亮红色的亚硝基肌红蛋白,加热形成粉红色的亚硝基血色原

5.4.2　风味

肉的风味又称味质，指的是生鲜肉的气味和加热后肉制品的香气和滋味。它是肉中固有成分经过复杂的生物化学变化，产生各种有机化合物所致。其特点是成分复杂多样，含量甚微，用一般方法很难测定，除少数成分外，多数无营养价值，不稳定，加热易破坏和挥发。

呈味物质的呈味性能与其分子结构有关,呈味物质均具有各种发香基团,如羟基(—OH)、羧基(—COOH)、醛基(—CHO)、羰基(—CO)、硫氢基(—SH)、酯基(—COOR)、氨基(—NH$_2$)、酰胺基(—CONH)、亚硝基(—NO$_2$)、苯基(—C$_6$H$_5$),这些肉的味质是通过人的高度灵敏的嗅觉和味觉器官而反映出来的。因此,肉的风味由肉的气味和滋味组合而成。

5.4.2.1 气味

气味是肉中具有挥发性的物质,随气流进入鼻腔,刺激嗅觉细胞通过神经传导反映到大脑嗅区而产生的一种刺激感。愉快感为香味,厌恶感为异味、臭味。气味的成分十分复杂,约有 1000 多种,主要有醇、醛、酮、酸、酯、醚、呋喃、吡咯、内酯、糖类及含氮化合物等。

动物的种类、性别、饲料等对肉的气味有很大影响。生鲜肉散发出一种肉腥味,羊肉有膻味,狗肉有腥味,特别是晚去势或未去势的公猪、公牛及母羊的肉有特殊的性气味,在发情期宰杀的动物的肉散发出令人厌恶的气味。某些特殊气味,如羊肉的膻味,来源于挥发性低级脂肪酸,如 4-甲基辛酸、壬酸、癸酸等。喂鱼粉、豆粕、蚕饼等影响肉的气味,饲料中含有的硫丙烯、二硫丙烯、烯丙基二硫化物等会移行在肉内,发出特殊的气味。肉在冷藏时,由于微生物繁殖,在肉表面形成菌落而产生黏液,而后产生明显的不良气味。长时间冷藏,脂肪自动氧化,解冻肉汁流失,肉质变软都会使肉的风味降低。肉与具有强烈气味的食品混合储藏,会吸收外来异味。

5.4.2.2 滋味

滋味是由溶于水的可溶性呈味物质,刺激人的舌面味觉细胞——味蕾,通过神经传导到大脑而反映出的味感。舌面分布的味蕾可感觉出不同的味道,而肉香味是靠舌的全面感觉。

肉的鲜味成分来源于核苷酸、氨基酸、酰胺、肽、有机酸、糖类、脂肪等前体物质。关于肉前体物质的分布,近年来研究较多。例如,把牛肉中风味的前体物质用水提取后,剩下溶于水的肌纤维部分,几乎不存在香味物质。

5.4.3 嫩度

肉的嫩度是消费者最重视的食用品质之一,它决定了肉在食用时口感的老嫩,是反映肉质地的指标。

5.4.3.1 嫩度的概念

通常所谓的肉嫩或肉老实质上是对肌肉各种蛋白质结构特性的总体概括,它直接与肌肉蛋白质的结构及某些因素作用下蛋白质发生变性、凝集或分解有关。肉的嫩度总结起来包括以下四方面的含义:肉对舌或颊的柔软性、肉对牙齿压力的抵抗、咬断肌纤维的难易程度和嚼碎程度。

5.4.3.2 影响肌肉嫩度的因素

肌肉嫩度的实质是结缔组织的含量与性质及肌原纤维蛋白的化学结构状态。它们受一系列的因素影响而变化,从而导致肉嫩度的变化。影响肌肉嫩度的宰前因素也很多,主要有如下几项:

(1)畜龄 一般来说,幼龄家畜的肉比老龄家畜嫩,但前者的结缔组织含量反而高于后者。其原因在于幼龄家畜肌肉中胶原蛋白的交联程度低,易受加热作用而裂解。而成年动物的胶原蛋白的交联程度高，不易受热和酸、碱等的影响。

（2）肌肉的解剖学位置　牛的腰大肌最嫩，胸头肌最老，据测定腰大肌中羟脯氨酸含量也比半腱肌少得多。经常使用的肌肉，如半膜肌和股二头肌，比不经常使用的肌肉（腰大肌）的弹性蛋白含量多。同一肌肉的不同部位嫩度也不同，猪背最长肌的外侧比内侧部分要嫩。牛的半膜肌从近端到远端嫩度逐渐下降。

（3）营养状况　凡营养良好的家畜，肌肉脂肪含量高，大理石纹丰富，肉的嫩度好。肌肉脂肪有冲淡结缔组织的作用，而消瘦动物的肌肉脂肪含量低，肉质老。

（4）尸僵和成熟　宰后尸僵发生时，肉的硬度会大大增加。因此，肉的硬度又有固有硬度和尸僵硬度之分，前者为刚宰后和成熟时的硬度，而后者为尸僵发生时的硬度。肌肉发生异常尸僵时，如冷收缩和解冻僵直，会发生强烈收缩，从而使硬度达到最大。一般肌肉收缩的短缩度达到40%时，肉的硬度最大，而超过40%反而变柔软，这是由于肌动蛋白的细丝过度插入而引起Z线断裂所致，这种现象称为"超收缩"。僵直解除后，随着成熟的进行，硬度下降，嫩度随之提高，这是由于成熟期间尸僵硬度逐渐消失，Z线易于断裂之故。

（5）加热处理　加热对肌肉嫩度有双重效应，它既可以使肉变嫩，又可使其变硬，这取决于加热的温度和时间。加热可引起肌肉蛋白质变性，从而发生凝固、凝集和短缩现象。当温度在65~75℃时，肌肉纤维的长度会收缩25%~30%，从而使肉的嫩度降低，但另一方面，肌肉中的结缔组织在60~65℃会发生短缩，而超过这一温度会逐渐转变为明胶，从而使肉的嫩度得到改善。结缔组织中的弹性蛋白对热不敏感，所以有些肉虽然经过很长时间的煮制但仍很老，这与肌肉中弹性蛋白的含量高有关。

5.4.4　保水性

5.4.4.1　保水性的概念

肉的保水性即持水性、系水性，是指肉在压榨、加热、切碎、搅拌等外界因素的作用下，保持原有水分和添加水分的能力。肉的保水性是一项重要的肉质性状，这种特性对肉品加工的质量和产品的数量都有很大影响。

5.4.4.2　保水性的理化基础

肌肉中的水是以结合水、不易流动水和自由水三种形式存在的。其中不易流动水主要存在于细胞内、肌原纤维及膜之间，度量肌肉的保水性主要指的是这部分水，它取决于肌原纤维蛋白质的网状结构及蛋白质所带的静电荷的多少。蛋白质处于膨胀胶体状态时，网状空间大，保水性就高；反之，处于紧缩状态时，网状空间小，保水性就低。

5.4.4.3　影响保水性的因素

（1）pH对保水性的影响　pH对保水性的影响实质是蛋白质分子的静电荷效应。蛋白质分子所带的静电荷对蛋白质的保水性具有两方面的意义：其一，静电荷是蛋白质分子吸引水的强有力的中心；其二，由于静电荷增加蛋白质分子间的静电排斥力，因而可以使其结构松弛，增加保水效果。对肉来讲，静电荷如果增加，保水性就得以提高；静电荷减少，则保水性降低。当肌肉pH接近等电点（pH为5.0~5.4）时，静电荷数最低，这时肌肉的保水性最差，保水性最低时的pH几乎与肌动球蛋白的等电点一致。稍稍改变pH，就可引起保水性的很大变化。可通过添加酸或碱来调节肉的pH。在肉制品加工中，常用添加磷酸盐的方法来调节pH至5.8以上，以提高肉的保水性。

（2）动物因素　畜禽种类、年龄、性别、饲养条件、肌肉部位及屠宰前后处理等，对肉的保水性都有影响。兔肉的保水性最佳，后面依次为牛肉、猪肉、鸡肉、马肉。就年龄和性别而论，以牛肉为例，去势牛>成年牛>母牛>幼龄牛>老龄牛，成年牛随体重增加而保水性降低。试验表明，猪的冈上肌保水性最好，依次是胸锯肌>腰大肌>半膜肌>股二头肌>臀中肌>半腱肌>背最长肌。骨骼肌较平滑肌为佳，颈肉、头肉比腹部肉、舌肉的保水性好。

（3）尸僵和成熟　当pH降至5.4～5.5时，达到了肌原纤维的主要蛋白质肌球蛋白的等电点，即使没有蛋白质的变性，其保水性也会降低。僵直期后（1～2d），肉的水合性升高，僵直逐渐解除。一种原因是蛋白质分子分解成较小的单位，从而引起肌肉纤维渗透压增高；另一种原因可能是引起蛋白质静电荷增加及主要价键分裂的结果。使蛋白质结构疏松，并有助于蛋白质水合离子的形成，因而肉的保水性增加。

（4）无机盐　一定浓度的食盐具有增加肉保水能力的作用。这主要是因为食盐能使肌原纤维发生膨胀。肌原纤维在一定浓度食盐存在下，大量氯离子被束缚在肌原纤维间，增加了负电荷引起的静电斥力，导致肌原纤维膨胀，使保水力增强。另外，食盐腌肉使肉的离子强度增高，肌纤维蛋白质数量增多。在这些纤维状肌肉蛋白质加热变性的情况下，将水分和脂肪包裹起来凝固，使肉的保水性提高。磷酸盐能结合肌肉蛋白质中的 Ca^{2+}、Mg^{2+}，使蛋白质的羧基被解离出来，由于羧基间负电荷的相互排斥作用使蛋白质结构松弛，提高了肉的保水性。

（5）加热　肉加热时保水能力明显降低，加热程度越高则保水能力下降越明显。这是由于蛋白质的热变性作用使肌原纤维紧缩，空间变小，不易流动水被挤出。

5.5　肉的物理性质

5.5.1　体积质量

肉的体积质量是指每立方米体积的质量（kg/m³）。体积质量的大小与动物种类、肥度有关，脂肪含量多则体积质量小，如去掉脂肪的牛肉、羊肉、猪肉的体积质量为1020～1070kg/m³，猪肉为 940～960kg/m³，牛肉为 970～990kg/m³，猪脂肪为850kg/m³。

5.5.2　比热

肉的比热为1kg肉升高1℃所需的热量。它受肉的含水量和脂肪含量的影响。含水量多则比热大，其冻结或融化潜热增高；肉中脂肪含量多则相反。

5.5.3　热导率

肉的热导率是指肉在一定温度下，每小时每米传导的热量，以千焦（kJ）计。热导率受肉的组织结构、部位及冻结状态等因素影响，很难准确地测定。肉的热导率大小决定肉冷却、冻结及解冻时温度升降的快慢。肉的热导率随温度下降而增大。因冰的热导率比水大4倍，因此，冻肉比鲜肉更易导热。

5.5.4　肉的冰点

肉的冰点是指肉中水分开始结冰的温度，也称为冻结点。它取决于肉中盐类的浓度，浓度越高，冰点越低。纯水的冰点为0℃，肉中含水量为60%～70%，并且有各种盐类，因此冰点低于纯水。一般猪肉、牛肉的冰点为−1.2～−0.6℃。

思考与练习题

1. 肉的组成结构包括哪些？
2. 肉的化学成分包括哪些？
3. 肉中的蛋白质分为哪几类？各有何特性？
4. 肉中的水分包括哪几类？
5. 屠宰后肉的变化有哪些？这些变化与肉的冷加工有何关系？
6. 什么是肉的尸僵？尸僵肉有哪些特征？
7. 什么是肉的成熟？影响肉成熟的因素有哪些？
8. 简述肉的腐败原因及影响因素。
9. 影响肉颜色的因素有哪些？
10. 肉的保水性受哪些因素的影响？

单元六　肉的初步加工

学习目标

终极目标：熟悉畜禽屠宰、分割和包装的工艺流程和基本操作要求。

促成目标：

1) 掌握畜禽的屠宰加工流程。
2) 熟悉畜禽肉的分割方法。
3) 了解畜禽分割肉的包装方法。

相关知识

畜禽的屠宰和分割是生产中获得畜禽肉的一种加工处理过程，也是进行冷加工前的初步加工过程。它不仅涉及对动物的击晕、放血、烫毛、分割等处理方法，而且要在屠宰分割中采取措施，避免胴体被微生物污染，保证冷加工原料肉的品质。

6.1　家畜的屠宰工艺

家畜的屠宰工艺包括击晕，刺杀放血，烫毛、煺毛、燎毛或剥皮，开膛解体，胴体整修，检验、盖印等工序。

6.1.1　击晕

应用物理的（如机械的、电击的、枪击的）、化学的（吸入二氧化碳）方法，使家畜在宰杀前短时间内处于昏迷状态，称为击晕。击晕能避免家畜在宰杀时嚎叫、挣扎而消耗过多的糖原，使宰后肉尸保持较低的 pH，增强肉的储藏性。

（1）电击晕　电击晕在生产上称作"麻电"。它是使电流通过家畜，以麻痹其中枢神经而使其晕倒。此法还能刺激心脏活动，便于放血。

我国使用的猪的麻电器有手握式和自动触电式两种。手握式麻电器使用时工人穿胶鞋并带胶手套，手持麻电器，两端分别浸沾 5% 的食盐水（增加导电性），但不可将两端同时浸入盐水，防止短路。用力将电极的一端按在猪皮肤与耳根交界处 1~4s 即可。

牛的麻电器也有两种形式，即手持式和自动麻电装置。羊的麻电器与猪的手握式麻电器相似。我国目前多采用低电压，而国外多采用高电压。

（2）二氧化碳（CO_2）麻醉 丹麦、德国、美国、加拿大等国应用二氧化碳麻醉法。室内气体组成为：二氧化碳为 65%~75%，空气为 25%~35%。将猪赶入麻醉室 15s 后，其意识即完全消失。

6.1.2 刺杀放血

将家畜致昏后，将其后腿拴在滑轮的套腿或铁链上。经滑车轨道运到放血处进行刺杀放血。家畜击晕后应快速放血，以 9~12s 为最佳，最好不超过 30s，以免引起肌肉出血。

（1）刺颈放血 刺颈放血比较合理，普遍应用于猪的屠宰。刺杀部位为猪在第 1 对肋骨水平线下方 3.5~4.5cm 处。放血口不大于 5cm，切断前腔静脉和双颈动脉干，不要刺破心脏和气管。这种方法放血彻底。每刺杀一头猪，刀要在 82℃ 的热水中消毒一次。

牛的刺杀部位在距离胸骨 16~20cm 的颈下中线处斜向上方刺入胸腔 30~35cm，刀尖再向左偏，切断颈总动脉。羊的刺杀部位在右侧颈动脉下颌骨附近，将刀刺入，避免刺破气管。

（2）切颈放血 切颈放血应用于牛、羊，为清真屠宰普遍采用的方法。用大脖刀在靠近颈前部横刀切断"三管"（血管、气管和食管）。此法操作简单，但血液易被胃内容物污染。

（3）心脏放血 在一些小型屠宰场和广大农村屠宰猪时多用心脏放血法，是从颈下直接刺入心脏放血。优点是放血快、死亡快，但是放血不全，并且胸腔易积血。

倒悬式放血时间：牛 6~8min，猪 5~7min，羊 5~6min；平卧式放血需延长 2~3min。从牛体中取得其活重 5% 的血液，猪为 3.5%，羊为 3.2%，则可计为放血效果良好。放血充分与否影响肉品质量和储藏性。

6.1.3 烫、煺毛或剥皮

家畜放血后解体前，猪需烫毛、煺毛，牛、羊需进行剥皮，猪也可以剥皮。

（1）烫毛和煺毛 放血后的猪经 6min 沥血，由悬空轨道上卸入烫毛池进行浸烫，使毛根及周围毛囊的蛋白质受热变性收缩，毛根和毛囊易于分离。同时，表皮也出现分离达到脱毛的目的。猪体在烫毛池内大约 5min，池内最初水温以 70℃ 为宜，随后保持在 60~66℃。若想获得猪鬃，可在烫毛前将猪鬃拔掉。生拔的鬃弹性强，质量好。

煺毛又称刮毛，分机械刮毛和手工刮毛。国内刮毛机有三滚筒式刮毛机、拉式刮毛机和螺旋式刮毛机三种，我国大中型肉联厂多用滚筒式刮毛机。刮毛过程中，刮毛机中的软硬刮片与猪体相互摩擦，将毛刮去。同时，向猪体喷淋 35℃ 的温水，刮毛 30~60s 即可。然后再人工将未刮净的部位，如耳根、大腿内侧的毛刮去。

煺毛后进行体表检验，合格的屠体进行燎毛。国外用燎毛炉或用火喷射，温度达 1000℃ 以上，时间为 10~15s，可起到高温灭菌的作用。我国多用喷灯火焰（800~1300℃）燎毛，之后用刮刀刮去焦毛。最后进行清洗和脱毛检验，从而完成非清洁区的操作。

（2）剥皮 牛、羊屠宰后需剥皮。剥皮分手工剥皮和机械剥皮。现代加工企业多倾向于吊挂剥皮。

6.1.4 开膛解体

（1）剖腹取内脏 煺毛或剥皮后至剖腹最迟不超过 30min，否则对脏器和肌肉质量均有影响。剖腹一般有仰卧剖腹与倒挂剖腹两种方法。用刀劈开胸骨，在接近腹部时要注意不要刺到胃和肠。环切肛门，用线扎住，推进肠腔，切开腹腔，撬开耻骨，剥离内脏并取出。

（2）劈半　剖腹取内脏后，将胴体劈成两半（猪、羊）或四分体（牛）称为劈半。劈半前，先将背部皮肤用刀从上到下割开，然后用电锯沿脊柱正中将胴体劈为两半。目前常用的是往复式劈半电锯。

6.1.5　胴体整修

猪的胴体整修包括去前后蹄、奶头、横膈膜、槽头肉、颈部血肉、伤斑、带血黏膜、脓包、烂肉和残毛污垢等。牛、羊的胴体整修包括割除尾、肾脏周围脂肪及伤斑、颈部血肉等。整修好的胴体要达到无血、无粪、无毛、无污物。

6.1.6　检验、盖印、称重、出厂

屠宰后要进行宰后兽医检验。合格者，盖以"兽医验讫"的印章。然后经过自动吊秤称重，入库冷藏或出厂。

6.2　家禽的屠宰工艺

6.2.1　击晕

击晕电压为 35~50V，电流为 0.5A 以下。击晕时间：鸡为 8s 以下，鸭为 10s 左右。击晕时间要适当，以击晕后马上将禽只从挂钩上取下，其在 60s 内能自动苏醒为宜。过大的电压、电流会引起禽只锁骨断裂，心脏停止跳动，放血不良，翅膀血管充血。

6.2.2　放血

宰杀放血可以采用人工作业或机械作业，通常有三种方式：口腔放血、切颈放血（用刀切断气管、食管、血管）及动脉放血。禽只在放血完毕进入烫毛槽之前，其呼吸作用应完全停止，以避免烫毛槽内的污水被吸进禽体肺脏而污染屠体。放血时间：鸡一般为 90~120s，鸭为 120~150s。但冬天的放血时间比夏天长 5~10s。血液一般占活禽体重的 8%，放血时约有 6% 的血液流出体外。

6.2.3　烫毛

烫毛时的水温和时间依禽体大小、性别、重量、生长期及不同加工用途而改变。烫毛是为了更有利于煺毛。烫毛共有三种方式：高温烫毛，水温为 71~82℃，30~60s。中温烫毛，水温为 58~65℃，30~75s。低温烫毛，50~54℃，90~120s。国内对鸡烫毛通常采用 65℃，35s；对鸭为 60~62℃，120~150s。在实际操作中，应严格掌握水温和浸烫时间；热水应保持清洁，未曾死透或放血不全的禽尸，不能进行拔毛，否则会降低产品价值。

6.2.4　煺毛

机械煺毛主要利用橡胶指束的拍打与摩擦作用煺毛，因此必须调整好橡胶指束与屠体之间的距离。另外应掌握好处理时间。禽只禁食超过 8h，褪毛就会较困难，公禽尤为严重。若禽只宰前经过激烈挣扎或奔跑，则羽毛根的皮层会将羽毛固定得更紧。此外，禽只宰后 30min 再浸烫或浸烫后 4h 再煺毛，都将影响到煺毛的速度。

6.2.5　去绒毛

屠体烫褪毛后，尚残留有绒毛，其去除方法有两种：一为钳毛；二为松香拔毛。松香拔毛时，将挂在钩上的屠体浸入溶化的松香液中，然后再浸入冷水中（约 3s）使松香硬化。待松香不发黏时，打碎剥去，绒毛即被粘掉。松香拔毛剂的配方为：11% 的食用油加 89% 的

松香，放在锅里加热至200~230℃充分搅拌，使其溶成胶状液体，再移入保温锅内，保持温度为120~150℃备用。

6.2.6 清洗、去头、切脚

屠体煺毛后，在去内脏之前必须充分清洗，经清洗后屠体应有95%的清洗率。一般采用加压冷水（或加氯水）冲洗。应视消费者喜好去头或带头。目前，大型工厂均采用自动机械从胫部关节切脚。

6.2.7 取内脏

取内脏前必须将屠体再挂钩。活禽从挂钩到切脚为止称为屠宰去毛作业，作业区必须与取内脏区完全隔开。此外，原挂钩链转回活禽作业区，而将禽只重新悬挂在另一条清洁的挂钩系统上。禽类内脏的取出有：全净膛，即将全部内脏取出；半净膛，即仅拉出全部肠和胆囊；不净膛，即全部内脏保留在腔内。

6.2.8 检验、修整、包装

掏出内脏后，经检验、修整、包装入库储藏。

6.3 畜禽胴体的分割

肉的分割是按不同国家、不同地区的分割标准进行的，以便进一步加工或直接供给消费者。分割肉是指屠宰后经兽医卫生检验合格的胴体，按分割标准及不同部位肉的组织结构分割成不同规格的肉块，经冷却、包装后的加工肉。

6.3.1 猪胴体的分割

我国猪肉分割通常将半胴体分为肩、背、腹、臀、腿几大部分。肩颈肉俗称前槽、夹心。前端从第1颈椎，后端从第4~5胸椎或第5~6根肋骨间，与背线成直角切断。下端若做火腿则从肘关节切断，并剔除椎骨、肩胛骨、臂骨、胸骨和肋骨。背腰肉俗称外脊、大排、硬肋、横排。前面去掉肩颈部，后面去掉臀腿部，余下的中段肉体从脊椎骨下4~6cm处平行切开，上部即为背腰部。臀腿肉俗称后腿、后丘。从最后腰椎与荐椎结合部和背线成直线垂直切断，下端则根据不同用途进行分割：如果作为分割肉、鲜肉出售，从膝关节切断，剔除腰椎、荐椎骨、股骨、去尾；如果作为火腿出售，则保留小腿后蹄。肋腹肉俗称软肋、五花。与背腰部分离，切去奶脯即是。前颈肉俗称脖子、血脖。从第1~2颈椎处或第3~4颈椎处切断。前臂和小腿肉俗称肘子、蹄膀。前臂上从肘关节下从腕关节切断，小腿上从膝关节下从跗关节切断。

6.3.2 牛胴体的分割

将标准的牛胴体二分体首先分割成臀腿肉、腹部肉、腰部肉、胸部肉、肋部肉、肩颈肉、前腿肉、后腿肉共8个部分。在此基础上再进一步分割成里脊、外脊、眼肉、上脑、辣椒条（嫩肩肉）、胸肉、腱子肉、臀肉、米龙、牛霖、大黄瓜条、小黄瓜条、腹肉13块不同的肉块。

6.3.3 禽胴体的分割

禽胴体分割的方法有三种：平台分割、悬挂分割、按片分割。前两种适于鸡，后一种适于鹅、鸭。通常鹅分割为头、颈、爪、胸、腿等8件；躯干部分成4块（1号胸肉、2号胸肉、1号腿肉和2号腿肉）。鸭肉分割为6件；躯干部分为2块（1号鸭肉、2号鸭肉）。日本对肉鸡分割得很细，分为主品种、副品种及二次品种3大类共30种。我国大体上分为腿部、胸部、翅爪及脏器类。

6.4　分割肉的包装

肉在常温下的货架期只有半天，冷藏鲜肉的货架期为 2~3d，充气包装生鲜肉的货架期为 14d，真空包装生鲜肉的货架期约为 30d，真空包装加工肉的货架期约为 40d，冷冻肉的货架期为 4 个月以上。目前，分割肉越来越受到消费者的喜爱，因此分割肉的包装也日益引起加工者的重视。

分割鲜肉的包装材料透明度要高，便于消费者看清生肉的本色。其透氧率较高，以保持氧合肌红蛋白的鲜红颜色；透水率（水蒸气透过率）要低，防止生肉表面的水分散失，造成色素浓缩，肉色发暗，肌肉发干收缩；薄膜的抗湿强度高，柔韧性好，无毒性，并具有足够的耐寒性。但为了控制微生物的繁殖，也可用阻隔性高（透氧率低）的包装材料。

为了维护肉色鲜红，薄膜的透氧率至少要大于 $5000mL/(m^2 \cdot 24h \cdot atm \cdot 23℃)$。如此高的透氧率，使得鲜肉货架期只有 2~3d。真空包装材料的透氧率应小于 $40mL/(m^2 \cdot 24h \cdot atm \cdot 23℃)$，这虽然可使货架期延长到 30d，但肉的颜色则呈还原状态的暗紫色。一般真空包装复合材料为 EVA（乙烯-醋酸乙烯共聚物）/PVDC（聚偏二氯乙烯）/EVA，PP（聚丙烯）/PVDC/PP，尼龙/LDPE（低密度聚乙烯）等。

充气包装是以混合气体充入透气率低的包装材料中，以达到维持肉颜色鲜红和控制微生物生长的目的。另一种充气包装是将鲜肉用透气性好但透水率低的 HDPE（高密度聚乙烯）/EVA 包装后，放在密闭的箱子里，再充入混合气体，以达到延长鲜肉货架期、保持鲜肉良好颜色的目的。

思考与练习题

1. 家畜屠宰包括哪些工序？
2. 畜禽宰前电击晕有何好处？电压、电流及击晕时间有何要求？
3. 影响畜禽放血的因素有哪些？放血不良对制品会产生何种影响？
4. 畜禽烫毛对水温有何要求？对屠体产生什么影响？
5. 试述我国猪肉、牛肉的分割方法。
6. 试述我国禽肉的分割方法。
7. 分割肉加工对包装有何具体要求？

单元七　肉的冷却与冷藏

学习目标

终极目标：掌握肉的冷却与冷藏加工工艺。

促成目标：

1) 掌握肉的冷却条件与方法。
2) 了解肉在冷藏期间发生的品质变化。

相关知识

肉的冷却与冷藏是肉低温储藏保鲜的一种方法，该方法能够抑制微生物的生长繁殖，延缓由组织酶、氧及热和光的作用而产生的一系列变化，并且不会引起肉的组织结构和性质发生变化，可以较长时间保持肉的品质。冷却肉克服了热鲜肉、冷冻肉在品质上存在的不足和缺陷，始终处于低温控制下，大多数微生物的生长繁殖被抑制，肉毒梭菌和金黄色葡萄球菌等病原菌分泌毒素的速度大大降低。另外，冷却肉经历了较为充分的成熟过程，质地柔软有弹性，汁液流失少，口感好，滋味鲜美。发达国家早在20世纪二三十年代就开始推广冷却肉，在其目前消费的生鲜肉中，冷却肉已占到90%左右。在我国，冷却肉的市场份额也在快速增加，而且今后一定会成为肉类消费的一种趋势。

7.1 肉的冷却

7.1.1 冷却肉的概念

刚屠宰的畜禽，肌肉的温度通常在37~41℃，这种尚未失去生前体温的肉称为热鲜肉。在0℃条件下将热鲜肉冷却到深层温度为0~4℃时，称为冷却肉，又称为冷鲜肉。肉类的冷却就是将屠宰后的胴体吊挂在冷却室内，使其冷却到最厚处的深层温度达到0~4℃的过程。

7.1.2 冷却的目的

刚屠宰的肉温度较高，同时由于肉的后熟作用，在肝糖原分解时还要产生一定的热量，使肉体温度处于上升的趋势，这种温度再结合其表面潮湿，最适宜于微生物的生长和繁殖，对于肉的保藏是极为不利的。肉类冷却的目的在于迅速排除肉体内部的热量，降低肉体深层的温度，并在肉的表面形成一层干燥膜。干燥膜可以延缓微生物的生长繁殖，延长肉的保藏期，并且能够减缓肉体内部水分的蒸发。

冷却肉中大多数微生物的生长繁殖被抑制，肉毒梭菌和金黄色葡萄球菌等致病菌已不分泌毒素，可以确保肉的安全与卫生。

冷却过程中，在肉中内源酶的作用下，肉完成僵直、解僵、成熟，即肉的排酸过程，使肉变得柔软、多汁、富有肉香味和弹性。冷却可以延缓脂肪和肌红蛋白的氧化。

此外，冷却也是冻结的准备阶段，对于整胴体或半胴体的冻结，由于肉层厚度较厚，若用一次冻结（即不经过冷却，直接冻结），常是表面迅速冻结，而内层的热量不易散发，从而使肉的深层产生"变黑"等不良现象，影响成品质量。同时，一次冻结因温度差过大，肉体表面水分的蒸发压力相应增大，引起水分的大量蒸发，从而影响肉体的重量和质量变化。除小块肉及副产品之外，一般均先冷却，然后再行冻结。当然，在国内一些肉类加工企业中，也有采用不经过冷却而直接进行一次冻结的方法。

7.1.3 冷却条件与方法

7.1.3.1 冷却条件

（1）空气温度的选择 肉类在冷却过程中，虽然其冰点为-1℃左右，但它却能冷到-10~-6℃，使肉体短时间内处于冰点及过冷温度之间的条件下，不致发生冻结。从冷却曲线可以看出，肉体热量大量导出是在冷却的开始阶段，因此冷却间在未进料前，应先降至-4℃左右，这样等进料结束后，可以使库温维持在0℃左右而不会过高，随后的整个冷却过程中，维持在-1~0℃。如果温度过低，有引起冻结的可能，温度高则会延缓冷却速度。

（2）空气相对湿度的选择 水分是助长微生物活动的因素之一，因此空气湿度越大，微生物的活动能力越强，尤其是霉菌。过高的湿度无法使肉体表面形成一层良好的干燥膜。湿度太低，重量损耗太多，所以应从多方面综合考虑来进行空气相对湿度的选择。

在整个冷却过程中，初始阶段冷却介质与冷却物体间的温差越大，则冷却速度越快，表面水分的蒸发量在开始的1/4时间内，约占总干缩量的1/2。因此，空气相对湿度也可分两个阶段：在前一阶段（约开始1/4时间），以维持在95%以上为宜，即相对湿度越高越好，以尽量减少水分蒸发，由于时间较短（6~8h），微生物不至于大量繁殖；在后一阶段（约占3/4时间），则维持在90%~95%，在临近结束时则在90%左右。这样既能使胴体表面尽快地结成干燥膜，又不会导致胴体表面过分干缩。

（3）空气流动速度的选择 由于空气的热容量很小，不及水的1/4，因此对热量的接受能力很弱。同时因其导热系数小，故在空气中冷却速度缓慢。所以，在其他参数不变的情况下，只有增加空气流速来达到加快冷却速度的目的。静止空气的放热系数为12.54~33.44kJ/（m²·h·℃）。空气流速为2m/s时，则放热系数可增加到52.25kJ/（m²·h·℃）。但过强的空气流速会大大增加胴体表面干缩和耗电量，冷却速度却增加不大。因此，在冷却过程中以不超过2m/s为宜，一般采用0.5m/s左右，或每小时10~15个冷库容积。

7.1.3.2 冷却方法

冷却方法有空气冷却法、水冷却法、冰冷却法和真空冷却法等。我国主要采用空气冷却法。

进肉之前，冷却间的温度降至-4℃左右。进行冷却时，把经过冷晾的胴体沿吊轨推入冷却间，胴体间距保持3~5cm，以利于空气循环和较快散热，当胴体最厚部位中心温度达到0~4℃时，冷却过程即可完成。冷却操作时要注意以下几点：

1）胴体要经过整修、检验和分级。

2）冷却间符合卫生要求。

3）吊轨间的胴体按"品"字形排列。

4）不同等级的肉，要根据其肥度和重量的不同，分别吊挂在不同位置。肥重的胴体应挂在靠近冷源和风口处；薄而轻的胴体挂在距排风口远的地方。

5）进肉速度快，并应一次完成进肉。

6）冷却过程中尽量减少人员进出冷却间，保持冷却条件稳定，减少微生物污染。

7）在冷却间按每立方米平均1W的功率安装紫外线灯，每昼夜连续或间隔照射5h。

8）冷却终温的检查：胴体最厚部位中心温度达到0~4℃，即达到冷却终点。

一般冷却条件下，牛半胴体的冷却时间为48h，猪半胴体的冷却时间为24h左右，羊胴体的冷却时间约为18h。

7.2 肉的冷藏

7.2.1 肉的冷藏条件与冷藏期

经过冷却的肉类一般放在-1~1℃的冷藏室（或排酸库），一方面可以完成肉的成熟（或排酸），另一方面达到短期储藏的目的。冷藏期间温度要保持相对稳定，以不超出上述范围为宜。进肉或出肉时温度不得超过3℃，相对湿度保持在90%左右，空气流速保持自然循环。冷却肉的储藏期见表7-1。

表 7-1　肉的冷藏条件和冷藏期

品名	温度/℃	相对湿度（%）	储藏期/d
牛肉	−1.5~0	0	28~35
小牛肉	−1~0	90	7~21
羊肉	−1~0	85~90	7~14
猪肉	−1.5~0	85~90	7~14
全净膛鸡	0	85~90	7~11

7.2.2　肉在冷藏期间的品质变化

冷藏条件下的肉，由于水分没有结冰，微生物和酶的活动还在进行，所以易发生干耗、表面发黏、发霉、变色等，甚至产生不愉快的气味。

（1）干耗　处于冷却终点 0~4℃ 条件下的肉，其理化变化并没有终止，其中以水分蒸发而导致干耗最为突出。干耗的程度受冷藏室的温度、相对湿度、空气流速的影响。高温、低湿、高空气流速会增加肉的干耗。

（2）发黏、发霉　发黏、发霉是肉在冷藏过程中，微生物在肉表面生长繁殖的结果，与肉表面的污染程度和相对湿度有关。微生物污染越严重，温度越高，肉表面越易发黏、发霉。

（3）颜色变化　肉的色泽在冷藏过程中会不断地变化，若储藏不当，牛肉、羊肉、猪肉会出现变褐、变绿、变黄、发荧光等。鱼肉产生绿变，脂肪会黄变。这些变化有的是在微生物和酶的作用下引起的，有的是肉本身氧化的结果。

（4）串味　肉与有强烈气味的食品存放在一起，会使肉串味。

（5）成熟　冷藏过程中可使肌肉中的化学变化缓慢进行，从而达到成熟。目前，肉的成熟一般采用低温成熟法，即冷藏与成熟同时进行。在 0~2℃，相对湿度 86%~92%，空气流速为 0.15~0.5m/s，成熟时间视肉的品种而异，牛肉约需 3 周。

（6）冷收缩　冷收缩主要是在牛肉、羊肉上发生，它是宰杀后在短时间进行快速冷却时肌肉产生强烈收缩的结果。这种肉在成熟时不能充分软化。研究表明，冷收缩多发生在宰杀后 10h，肉温降到 8℃ 以下时出现。

思考与练习题

1. 肉冷却的目的是什么？
2. 肉冷却的条件包括哪些方面？
3. 肉冷却的方法有哪些？
4. 肉在冷藏期间的品质可能发生哪些变化？

单元八　肉的冷冻与冻藏

终极目标：掌握肉的冷冻与解冻加工工艺。

促成目标：

1）了解肉冻结的目的。

2）了解冻结速度的表示方法，以及不同的冻结速度对肉品质量有哪些影响？

3）掌握肉冷冻的方法。

4）掌握冻肉的解冻方法。

相关知识

由于冷却肉的储藏温度在肉的冰点以上，因此对微生物和酶的活动及肉类的各种变化只能在一定程度上有抑制作用，但不能终止其活动，所以肉经冷却后只能做短期储藏。如果要长期储藏，则需要进行冷冻，即将肉的温度降至-18℃以下，肉中绝大部分水分形成冰结晶，该过程称为肉的冻结。经过冻结的肉，其色泽、香味都不如新鲜肉或冷却肉，但保存期较长，故仍被广泛采用。

8.1 肉的冷冻

将肉的温度降到-18℃以下，肉中的绝大部分水分（80%以上）形成冰结晶，该过程称为肉的冷冻，又称为冻结。

8.1.1 冻结的目的

肉的冻结温度通常为-20 ~ -18℃，在这样的低温下大部分水分结冰，有效地抑制了微生物的生长发育和肉中各种化学反应，使肉更耐储藏，其储藏期为冷却肉的5 ~ 50倍。

由于冷却肉的储藏温度在肉的冰点以上，故微生物和酶的活动只受到部分抑制，冷藏期短。当肉在0℃以下冷藏时，随着冻藏温度的降低，温度降到-10℃以下时，冻肉则相当于中等水分食品。大多数细菌在此水分活度（A_w）下不能生长繁殖。当温度下降到-30℃时，肉的 A_w 在0.75以下（表8-1），霉菌和酵母菌的活动都受到抑制。所以，冻藏能有效地延长储藏期，防止肉品质量下降，在肉类加工中得以广泛应用。

表 8-1　低温与肉水分活度之间的关系

温度/℃	肉中冻结水的百分比(%)	水分活度(A_w)
0	0	0.993
-1	2	0.990
-2	50	0.981
-3	64	0.971
-4	71	0.962
-5	80	0.953
-10	83	0.907
-20	88	0.823
-30	89	0.746

8.1.2 冻结率

从物理化学角度看，肉是充满组织液的蛋白质胶体系统，其初始冰点比纯水的冰点低（表8-2）。因此，肉要降到0℃以下才产生冰结晶，冰结晶出现的温度即冰点。随着温度继续降低，水分的冻结量逐渐增多，要使肉内水分全部冻结，温度要降到-60℃。这样低的温度在工艺上一般不使用，只要绝大部分水冻结，就能达到储藏的要求，一般为-30 ~ -18℃。

表 8-2　几种肉的含水量和初始冰点

品种	含水量(%)	初始冰点/℃
牛肉	71.6	−1.7~−0.6
猪肉	60	−2.8
鸡肉	74	−1.5

一般冷库的储藏温度为 −25~−18℃，肉的冻结温度也大体降到此温度。肉中水分的冻结率的近似值为

$$冻结率(\%) = \left(1 - \frac{肉的冻结点}{肉的冻结终温}\right) \times 100\%$$

例如，肉的冻结点是 −1℃，降到 −5℃ 时的冻结率是 80%；降到 −18℃ 时的冻结率为 94.4%，即全部水分的 94.4% 已冻结。

在 −10~−5℃ 条件下，大部分肉中几乎 80% 的水分结成冰，此温度范围称为最大冰结晶生成区，对保证冻肉的品质来说是最重要的温度区间。

8.1.3　冻结速度

冻结速度对冻肉的质量影响很大。常用冻结时间和单位时间内形成冰层的厚度表示冻结速度。

8.1.3.1　用冻结时间表示

肉中心温度通过最大冰结晶生成带所需时间在 30min 之内者，称为快速冻结，在 30min 之外者称为缓慢冻结。之所以定为 30min，是因为在这样的冻结速度下冰结晶对肉质的影响最小。

8.1.3.2　用单位时间内形成冰层的厚度表示

产品的形状和大小差异很大，如牛胴体和鸡胴体，比较其冻结时间没有实际意义。通常，把冻结速度表示为由肉品表面向热中心形成冰的平均速度。实践上，平均冻结速度可表示为肉块表面各热中心形成的冰层厚度与冻结时间之比。国际制冷学会规定，冻结时间是品温从表面达到 0℃ 开始，到中心温度达到 −10℃ 所需的时间。冰层厚度和冻结时间单位分别用"厘米（cm）"和"小时（h）"表示，则冻结速度（V）为

$$冻结速度 = \frac{冰层厚度}{冻结时间}$$

冻结速度在 10cm/h 以上者，称为超快速冻结；用液氮或液态二氧化碳冻结小块物品属于超快速冻结。5~10cm/h 为快速冻结；用平板式冻结机或流化床冻结机可实现快速冻结。1~5cm/h 为中速冻结，常见于大部分鼓风冻结装置。1cm/h 以下为慢速冻结，纸箱装肉品在鼓风冻结期间多处在缓慢冻结状态。

8.1.4　冻结速度对肉品质量的影响

8.1.4.1　缓慢冻结

通过对瘦肉中冰形成过程的研究发现，冻结过程越快，所形成的冰结晶越小。在肉冻结期间，冰结晶首先沿肌纤维之间形成和生长，这是因为肌细胞外液的冰点比肌细胞内液的冰点高。缓慢冻结时，冰结晶在肌细胞之间形成和生长，从而使肌细胞外液浓度增加。由于渗透压的作用，肌细胞会失去水分进而发生脱水收缩，结果，在收缩细胞之间形成相对少而大的冰结晶。

8.1.4.2　快速冻结

快速冻结时，肉的热量散失很快，使得肌细胞来不及脱水便在细胞内形成了冰结晶。换句话说，肉内冰层推进速度大于水蒸气的产生速度。结果在肌细胞内外形成了大量的小冰结晶。

冰结晶在肉中的分布和大小是很重要的。缓慢冻结的肉类因为水分不能返回到其原来的位置，在解冻时会失去较多的肉汁，而快速冻结的肉类不会产生这样的问题，所以冻肉的质量高。此外，冰结晶的形状有针状、棒状等不规则形状，冰结晶的大小为 $100\sim800\mu m$。如果肉块较厚，冻肉的表层和深层所形成的冰结晶不同，表层形成的冰结晶体积小且数量多，深层形成的冰结晶少而大。

8.1.5　冷冻方法

8.1.5.1　静止空气冷冻法

空气是传导的媒介，家庭冰箱的冷冻室均以静止空气冻结的方法进行冷冻，肉冻结很慢。静止空气冻结的温度范围为$-30\sim-10℃$。

8.1.5.2　板式冷冻

板式冷冻法的热传导媒介是空气和金属板。肉品装盘或直接与冷冻室中的金属板架接触。板式冷冻室的温度通常为$-30\sim-10℃$，一般适用于薄片的肉品，如肉排、肉片及肉饼等的冷冻。冻结速率比静止空气法稍快。

8.1.5.3　冷风式速冻法

冷风式速冻法是工业生产中普遍使用的方法，是在冷冻室或隧道装有风扇以供应快速流动的冷空气急速冷冻，热转移的媒介是空气。此法热的转移速率比静止空气要增加很多，并且冻结速度也显著。但流动空气增加了冷冻成本及未包装肉品的冻伤。冷风式速冻条件一般为：空气流速为760m/min，温度为$-30℃$。

8.1.5.4　流体浸渍和喷雾

流体浸渍和喷雾是商业上用来冷冻禽肉最普遍的方法，一些其他肉类和鱼类也利用此法冷冻。此法热量转移迅速，稍慢于风冷或速冻，供冷冻用的流体必须无毒性、成本低，并且具有低黏性、低冻结点及高热传导性等特点。一般常用液态氮、食盐溶液、甘油、甘油醇和丙烯醇等。

8.2　肉的冻藏

8.2.1　冻藏条件

（1）温度　从理论上讲，冻藏温度越低，肉品质量保持得就越好，保存期限也就越长，但成本也随之增大。对肉而言，$-18℃$是比较经济合理的冻藏温度。近年来，水产品的冻藏温度有下降的趋势，原因是水产品的组织纤维细嫩，蛋白质易变性，脂肪中不饱和脂肪酸含量高，易发生氧化。冷库中温度的稳定也很重要，温度的波动应控制在$±2℃$，否则会促进小的冰结晶消失和大的冰结晶长大，加剧冰结晶对肉的机械损伤作用。

（2）湿度　在$-18℃$的低温下，湿度对微生物的生长繁殖影响很微小。从减少肉品干耗考虑，空气湿度越大越好，一般控制在95%～98%。

（3）空气流动速度　在空气自然对流情况下，流速为 0.05～0.15m/s，空气流动性差，温度、湿度分布不均匀，但肉的干耗少，多用于无包装的肉品及肉制品。在强制对流的冷冻库中，空气流速一般控制在 0.2~0.3m/s，最大不能超过 0.5m/s，其特点是温度、湿度分布均匀，肉品干耗大。对于冷藏胴体而言，一般没有包装，冷藏库多用空气自然对流方法，若要用冷风机强制对流，要避免冷风机直吹胴体。

8.2.2 冻藏期

肉的冻藏期取决于冻藏温度、肉入库前的质量、肉的种类、肥瘦程度等因素，其中主要取决于温度。在同一条件下，各类肉保存期的长短依次为牛肉、羊肉、猪肉、禽肉。国际制冷学会规定的冻结肉的储藏期见表 8-3。

表 8-3 冻结肉的储藏期

品种	储藏温度/℃	储藏期/月	品种	储藏温度/℃	储藏期/月
牛肉	−12	5~8	猪肉	−23	8~10
牛肉	−15	8~12	猪肉	−29	12~14
牛肉	−24	18	猪肉片（烤肉片）	−18	6~8
包装肉片	−18	12	碎猪肉	−18	3~4
小牛肉	−18	8~10	猪大腿肉	−23~−18	4~6
羊肉	−12	3~6	内脏（包装）	−18	3~4
羊肉	−18~−12	6~10	猪腹肉（生）	−23~−18	4~6
羊肉	−23~−18	8~10	猪肉	−18	4~12
羊肉片	−18	12	兔肉	−23~−20	<6
猪肉	−12	2	禽肉（去内脏）	−12	3
猪肉	−18	5~6	禽肉（去内脏）	−18	3~8

8.3 肉在冻结和冻藏期间的变化

各种肉经过冻结和冻藏后，都会发生一些物理和化学变化，肉的品质受到影响。冻结肉的功能特性不如鲜肉，长期冻藏可使肉的功能特性显著降低。

（1）容积增加 水变成冰引起的容积增加大约为 9%，而冻肉由于冰的形成所造成的体积增加约为 6%。肉的含水量越高，冻结率越大，则体积增加越多。在选择包装方法和包装材料时，要考虑到冻肉体积的增加。

（2）干耗 肉在冻结、冻藏和解冻期间都会发生脱水现象。对于未包装的肉，在冻结过程中，肉中的含水量大约减少 0.5%~2%，快速冻结可减弱水分蒸发。肉在冻藏期间质量也会减少。冻藏期间空气流速小，温度尽量保持不变，有利于减弱水分蒸发。

（3）冻结烧 在冻藏期间由于肉表层冰结晶的升华，形成较多的微细孔洞，增加了脂肪与空气中氧的接触机会，最终导致冻结肉产生酸败味，肉表面发生黄褐色变化，表层组织结构粗糙，这就是所谓的冻结烧。冻结烧与肉的种类和冻藏温度的高低有密切关系。禽肉脂肪的稳定性差，易发生冻结烧。猪肉脂肪在 −8℃ 下储藏 6 个月，表面有明显的酸败味，并且呈黄色，而在 −18℃ 下储藏 12 个月也无冻结烧发生。采用聚乙烯塑料薄膜密封包装隔绝氧气，可有效地防止冻结烧。

（4）重结晶 冻藏期间冻肉中冰结晶的大小和形状会发生变化。特别是冷冻库内的温度高于 −18℃，并且温度波动情况下，微细的冰结晶不断减少或消失，形成较大的冰结晶。

实际上，冰结晶的生长是不可避免的。经过几个月的冻藏，由于冰结晶生长的原因，肌纤维受到机械损伤，组织结构受到破坏，解冻时引起大量肉汁流失，肉的品质下降。

（5）变色　冻藏期间冻肉表面的颜色逐渐变暗。颜色变化也与包装材料的透氧率有关，透氧率高的包装材料中的肉的颜色较鲜艳，反之则较暗。

（6）风味和味道变化　肉在冻藏期间会发生风味和味道的变化。肉的脂肪含量较高，饱和脂肪酸易发生氧化而酸败，产生许多有机化合物，如醛类、酮类和醇类，醛类是导致肉风味和味道异常的主要原因。冻结烧、铜、铁也会使酸败加快。

8.4　冻结肉的解冻

解冻是将冻结肉内冰结晶状态的水分转化为液体，同时恢复冻结肉原有状态和特性的工艺过程，是冻结肉消费或进一步加工前的必要步骤。在实际工作中，解冻的方法应根据具体条件选择，原则是既要缩短时间又要保证质量。

8.4.1　解冻方法

冻结肉的解冻方法有多种，如空气解冻、水解冻、蒸汽解冻和微波解冻等。肉类工业中大多采用空气解冻和水解冻法。

8.4.1.1　空气解冻法

将冻结肉移放在解冻间，靠空气介质与冻结肉进行热交换来实现解冻的方法称为空气解冻法。一般在 0~5℃空气中解冻称为缓慢解冻，在 15~20℃空气中解冻称为快速解冻。冻结肉放入解冻间后温度先控制在0℃，以保持肉解冻的一致性，装满后再升温到 15~20℃，相对湿度为 70%~80%，经 20~30h 即解冻。

8.4.1.2　水解冻法

把冻结肉浸在水中解冻，由于水比空气的传热性能好，解冻时间可缩短，并且由于肉类表面有水分浸润，可使重量增加。但肉中的某些可溶性物质在解冻过程中将部分流失，同时容易受到微生物的污染，故此法对半胴体的肉类不太适用，主要用于带包装冻结肉类的解冻。

水解冻的方式可分静水解冻和流水解冻或喷淋解冻。对肉类来说，一般以较低温度的流水缓慢解冻为宜，在水温高的情况下，可采用加碎冰的方法进行低温缓慢解冻。

8.4.1.3　蒸汽解冻法

将冻结肉悬挂在解冻间，向室内通入水蒸气，当蒸汽凝结于肉表面时，则将解冻室的温度由 4.5℃降至 1℃，此时停止通入水蒸气。采用此法，肉表面干燥，能控制肉汁流失，使其较好地渗入组织中，一般约经 16h 即可使半胴体的冻结肉完全解冻。

8.4.1.4　微波解冻法

微波解冻可使解冻时间大大缩短，同时能够减少肉汁损失，改善卫生条件，提高产品质量。此法适于半片胴体或 1/4 胴体的解冻，具有等边几何形状的肉块利用这种方法效果更好。在微波电磁场中，整个肉块都会同时受热升温。微波解冻可以带包装进行，但是包装材料应符合相应的电容性和对高温作用有足够的稳定性。

8.4.2　解冻肉的质量变化

8.4.2.1　肉汁流失

肉汁流失是解冻中常出现的问题，对肉的质量影响最大。影响肉汁流失的因素是多方面的，通过对这些因素的控制，可使肉汁流失降到最低程度。

（1）内在因素　肉的 pH 越接近其肌球蛋白的等电点，肉汁流失越多。冻结时形成的冰结晶越大，肌肉组织的损伤程度越大，流失的肉汁越多。

（2）工艺因素　缓慢冻结的肉，解冻时可逆性小，肉汁流失多。冻藏温度和时间不同，解冻时肉汁流失的程度不同。冻藏温度低且稳定，解冻时肉汁流失少。缓慢解冻时肉汁流失少，快速解冻时肉汁流失多。

8.4.2.2　营养成分的变化

由于解冻造成的肉汁流失，导致肉的质量减轻，水溶性维生素和肌浆蛋白等营养成分随之减少。此外，反复冻结会导致肉的品质恶化，如组织结构变差，形成胆固醇氧化物等。

思考与练习题

1. 肉冷冻的目的是什么？
2. 冻结速度对肉品质量有何影响？
3. 肉的冷冻方法通常包括哪些？
4. 肉在冷冻和冻藏期间可能发生哪些质量变化？
5. 肉的解冻方法有哪些？
6. 肉在解冻过程中会发生哪些质量变化？

项目三

水产品冷加工技术

中国是一个渔业大国，海洋鱼类有 1700 多种，其中经济鱼类约有 300 种，最常见的有七八十种，产量较高的有带鱼、大黄鱼、小黄鱼、马面鲀、银鲳、太平洋鲱、蓝点马鲛、鲐鱼、鳗鱼、鲅鱼、凤尾鱼、鳕鱼等。在甲壳类动物中，虾类有 300 余种，蟹类有 600 余种，有经济价值的有四五十种，主要为对虾、梭子蟹等。头足类软体动物种类主要有乌贼科、枪乌贼科及柔鱼科。我国淡水鱼类有约 700 多种，经济鱼类有 140 余种，其中青鱼、草鱼、鲢鱼、鳙鱼、鲤鱼、鳊鱼所占比例最大。

鱼类营养丰富，味道鲜美，除了具有优质高蛋白质、高度不饱和脂肪酸、丰富的微量元素、膳食纤维等营养和功能成分外，还含有大量的水溶性物质，从而构成了鱼类产品特有的风味，成为人们摄取动物性蛋白质的重要来源之一。但由于鱼肉组织脆弱，水分含量高，在酶和微生物的作用下，造成鱼类的腐败变质。要想保持鱼类的鲜度或减缓腐败速率，可以采取多种措施，目前应用最广泛的是低温冷藏保鲜技术。

单元九　水产品的化学组成及特性

学习目标

终极目标：能够根据水产品的化学组成及死后变化确定适宜的冷加工工艺。
促成目标：
1) 掌握水产品的化学成分。
2) 掌握水产品的死后变化。
3) 掌握水产品死后变化与冷加工的关系。

相关知识

水产品（鱼、虾、贝类）的一般化学组成是：水分 60%~85%，蛋白质 20% 左右，脂肪 0.5%~30%，糖类 1% 以下，灰分 1%~2%。水产品含有丰富的蛋白质和水分，肌肉组织比畜肉柔软、细嫩，为微生物的入侵和繁殖创造了极好的条件。水产品体内的酶类在常温下活性较强，易发生自溶，蛋白质被分解为游离氨基酸，成为微生物的营养物。此外，在一定条件下，附着在鱼体表面、鳃及肠道内的腐败菌大量繁殖，并对鱼体进行分解，从而加速腐败变质。

9.1　水产品的化学组成

水产品肌肉组织和其他可食部分中所含有的化学成分，包括水分、蛋白质、脂肪、糖类、维生素和无机盐等。

9.1.1　水分

　　水产品的水分含量比禽畜肉类的水分含量高，占60%~85%。生物体内的水分按其存在状态又有自由水和结合水之分。自由水作为溶剂可运输营养和代谢产物，可以在体内自由流动。自由水在干燥时易蒸发，在冷冻时易结冰，微生物可以利用自由水生长繁殖。结合水占总水量的15%~25%，不能作为溶剂，也不能被微生物所利用，其冰点一般在-40~-30℃。因此，自由水的含量直接关系着水产品的储藏期和腐败进程。

9.1.2　蛋白质

　　鱼贝类的蛋白质是营养价值很高的优质蛋白质，其含量为15%~20%。由于鱼贝类的蛋白质结构比禽畜肉类松软，更易被人体消化吸收，其生物利用率可达85%~90%。

9.1.3　脂肪

　　鱼贝类的脂肪含量的多少，直接影响其滋味和营养价值。根据脂肪含量的多少，鱼类可分为：少脂鱼类，脂肪含量在1%以下；中脂鱼类，脂肪含量为1%~5%；多脂鱼类，脂肪含量为5%~15%；特多脂鱼类，脂肪含量在15%以上。

　　鱼贝类的脂肪以高级脂肪酸的甘油酯为主要成分，在常温下呈液态，储藏时容易发生氧化酸败、油脂变质、颜色变深、有难闻气味等不利因素。即使在低温下储藏，也会由于以上不利因素造成质量下降。

9.1.4　维生素

　　鱼贝类含有多种维生素，包括脂溶性的维生素A、维生素D、维生素E和水溶性的B族维生素及维生素C等。鱼贝类维生素的含量以肝脏中最多，如鳕鱼肝中维生素A的含量为3240~12930μg/g，鲨鱼肝中维生素A的含量为2190~9330μg/g，皮肤中次之，肌肉中最少。常见水产品肌肉中维生素含量见表9-1。

表9-1　常见水产品肌肉中维生素含量　　　　　　　　　　（单位：μg/g）

种类	维生素A	维生素B_1	维生素B_2	烟酸（尼克酸）	维生素E
带鱼	29	0.02	0.06	2.8	0.82
鲅鱼	19	0.03	0.04	2.1	0.71
真鲷	12	0.02	0.10	3.5	1.08
鲽	117	0.03	0.04	1.5	2.35
鲤鱼	25	0.04	0.09	2.3	5.56
海参	39	0.04	0.13	1.3	—
乌贼	35	0.01	0.04	2.0	10.54
蛤蜊	微量	0.01	0.14	1.4	3.54
牡蛎	27	0.02	0.05	3.6	6.73

9.1.5　糖类

　　鱼贝类中最常见的糖类是糖原，和高等动物一样，鱼贝类的糖原储存于肌肉和肝脏中，是能量的重要来源。其含量因生长阶段、营养状况、饵料组成等的不同而异。鱼类肌肉中的糖原含量与鱼的致死方式密切相关，鱼被活杀时，其含量高一些，为0.3%~1%，这与哺乳动物肌肉中的含量几乎相同。

9.1.6　无机盐

鱼贝类无机盐的含量为 1%~2%，其种类很多，主要有钾、钠、钙、镁、磷、铁、碘、硫、锰、铜、溴等元素。海带、紫菜等海藻类中碘的含量比禽畜类动物高出 50 倍左右。

9.2　水产品死后的生化变化

鱼类经捕获致死后，其体内仍进行着各种复杂的变化，这种变化主要是鱼体内存在的酶和生前、死后附着在鱼体上的微生物不断作用导致的。其变化过程要明确区分是困难的，但大体可分为死后僵硬、自溶和腐败变质三个阶段。

9.2.1　死后僵硬阶段

鱼类和一般陆生动物一样，死后不久即发生僵硬，颚骨和鳃盖紧闭，体表分泌的黏液大量增加。

僵硬是由许多相互有关的酶解作用综合发展的结果。鱼体僵硬期开始的早迟与持续时间的长短，同鱼的种类、死前的生理状态、捕捞方法和运输保藏条件等有关，其中温度的影响是主要的。温度越低，僵硬期开始得越迟，僵硬持续时间越长。一般在夏天，僵硬期不超过数小时，在冬天或尽快冰藏的条件下，则可维持数天。

处于死后僵硬阶段的鱼类，鲜度是良好的，它是判定鱼货鲜度质量的重要标志。

9.2.2　自溶作用阶段

自溶作用是指鱼体自行分解（溶解）的过程。主要是水解酶积极活动的结果。所谓水解酶就是催化水解酶的总称，如蛋白酶、脂肪酶、淀粉酶等。

经过僵硬阶段的鱼体，由于组织中的水解酶的作用，使蛋白质逐渐分解为氨基酸及较多的简单碱性物质，所以鱼体在开始时由于乳酸和磷酸的积聚而呈酸性，但随后又转为中性。鱼体进入自溶阶段，肌肉组织逐渐变软，失去固有弹性。应该指出，自溶作用的本身不是腐败分解，因为自溶作用并非无限制地进行，在使部分蛋白质分解成氨基酸和可溶性含氮物后即达平衡状态，不易分解到最终产物。但由于鱼肉组织中蛋白质越来越多地变成氨基酸之类物质，则为腐败微生物的繁殖提供了有利条件，从而加速腐败进程。因此，自溶阶段的鱼货鲜度已在下降。

自溶作用的快慢同鱼的种类、保藏温度和鱼体组织的 pH 有关。其中，温度仍然是主要因素。因为在一般气温中，温度越高，水解酶的活性越强，自溶作用就越快。在低温保藏中，酶的活性受到抑制，从而使自溶作用缓慢到几乎完全停止。

9.2.3　腐败变质阶段

鱼贝类腐败主要是一些腐败微生物在鱼体繁殖分解的结果。新鲜的鱼，若保藏条件不良或卫生条件不好，在微生物的作用下会很快腐败。

腐败阶段的主要特征是鱼体的肌肉与骨骼之间易分离，并且产生腥臭等异味和有毒物质。腐败产物的出现是鱼贝类自身酶和微生物共同作用的结果。腐败微生物主要从鱼体表面的黏液、鱼鳃和肠管等部位侵入。腐败微生物侵入鱼鳃时就分泌出孢外酶，分解鱼鳃中的血红素，把鳃中的血红素变为变性血红素，因而使鱼鳃失去固有的颜色，变为褐色乃至灰色。腐败微生物侵入鱼的皮肤时，则在固着鱼鳞的结缔组织处发生蛋白质分解，因此破坏了鱼鳞与皮肤相结合的坚韧性，鱼鳞很容易同皮肤分离。当腐败微生物从体表黏液进入眼部组织时，使角膜发生变化，并使固定眼球的结缔组织分解，因而使眼球陷入眼窝内。

腐败微生物从鱼肠透出时，首先侵入实质性的脏器中，因为那里有适宜微生物发育的环境。当蛋白质分解产生气体时，使腹腔的压力升高，因此部分鱼肠从肛门脱出，此时肛门黏液呈褐色。腐败微生物进一步繁殖，逐渐侵入沿脊柱的大血管里，并引起溶血现象。当腐败过程向组织深部推进时，沿着鱼体内结缔组织层和骨膜，波及一块又一块的新组织。其结果使鱼体组织的蛋白质、氨基酸及其他一些含氮物被分解为氨、三甲胺、硫化氢、吲哚及尸胺、组胺等腐败产物。当上述腐败产物积累到一定程度，鱼体即产生具有腐败特征的臭味进入腐败阶段。与此同时，鱼体的 pH 也升高，即从中性到碱性。因此，当鱼肉腐败后，就完全失去食用价值，误食会引起中毒，如组胺、尸胺等都是有毒的。组胺刺激胃酸分泌，使微血管扩张，引起风疹和过敏性现象；酪胺有使血压升高的作用。

微生物之所以能在鱼体内这样急剧繁殖，是因为鱼肉组织比哺乳动物的组织脆弱很多，并且含有大量的水分。另外，鱼的组织被结缔组织层分成很小的若干肌群，因此很容易被腐败微生物分解。

综上所述，要保持鱼货的新鲜，就要设法延长僵硬期，抑制自溶作用和防止腐败变质。因此，鱼捕获后，应尽快用冷的清水洗净鱼体，对特种鱼，必要时应去鳃、剖腹、清除内脏、洗净血迹和污物，然后迅速冷却或冻结保藏。在鱼货运输、装卸、加工、销售各个环节中，都应该在低温环境中进行，并要注意卫生条件，减少中间环节，避免日晒雨淋、散装堆压现象。只有高度重视各个环节，才能有效地抑制和减少酶和微生物的作用，保持鱼货的质量。

思考与练习题

1. 水产品的化学成分包括哪些？
2. 水产品中的水分、脂肪对其储藏有何影响？
3. 水产品的死后变化分为哪几个阶段？
4. 要保持鱼货的新鲜，应采取哪些措施？
5. 鱼类自溶作用的快慢受哪些因素的影响？

单元十 鱼类冷却保鲜技术

学习目标

终极目标：熟悉鱼类冷却保鲜工艺。

促成目标：

1) 掌握鱼类冷却保鲜工艺的方法。
2) 了解每种保鲜工艺的用途和保藏时间。

相关知识

为了保持鱼货的质量和减少损耗，对鱼货必须进行保鲜，以延长僵硬期，抑制自溶作用，防止腐败变质。

鱼货的保鲜是在捕捞现场迅速将鱼冷却，使鱼体温度降低至接近肌肉汁液的冰点，以抑制和减弱酶和微生物的作用，使鱼货在一定的时间内保持良好的鲜度。

鱼类冷却的方法：冰藏冷却，保冷温度为 0~3℃，保鲜期为 7~15d；冷海水保鲜，保冷温度为 -1~0℃，保鲜期为 9~12d；微冻保鲜，保冷温度为 -3~-2℃，保鲜期为 20~27d。还有冰盐混合冷却、超冷保鲜等冷却方法。

10.1 冰藏冷却法

冰藏冷却法是鱼货保藏运输中最常用的方法。一般使用机制冰（或天然冰），机制冰又分为淡水冰和海水冰，我国普遍使用淡水冰。使用前将冰块轧碎，撒冰要均匀，一层冰一层鱼，最后用冰封顶。一般鱼层厚度为 50~100mm，冰鱼混合物堆装高度一般为 75cm，否则易压伤鱼体。鲜鱼的加冰数量取决于冷却鱼货和保鲜过程中维持低温所需的冷量。

鱼体初温到 -1~0℃ 时所需要的冰量计算公式如下：

$$m_i = \frac{3.316\Delta t}{33.16} m_f$$

式中　m_i——需冰量，单位为 t；

　3.316——鱼体比热，单位为 kJ/(kg·℃)；

　Δt——鱼体从初温冷却到低温时的温度差，单位为℃；

　33.16——冰的融解热，单位为 kJ/kg；

　m_f——所需冷却的鱼货量，单位为 t。

用这种方法冷却鱼，速度较慢，鱼体温度达不到 0℃，只能达到 1℃。一般北方地区鱼与冰之比夏季为 2:1，冬季为 3:1；东海渔区夏季为 1.2:1 或 1:1，冬季为 3:1 或 2:1；南海渔区一般为 1:2。

鱼体的冷却速度与鱼的品种、大小也有关系，多脂鱼或大型鱼类的冷却速度慢。当冰重为鱼重的 200%，由 20℃ 冷却到 1℃ 时，若鱼体厚度为 50mm，需 110min；若鱼体厚度为 60mm，需 150min；若鱼体厚度为 70mm，需 235min；若鱼体厚度为 80mm，需 325min。

用海水冰冷却鱼类比用淡水冰好，因海水冰的熔点比淡水冰低（-1℃），并有较强的抑制酶活性的作用。

用冰冷却的鱼不能长期保藏，一般淡水鱼为 8~10d，海水鱼为 10~15d。在冰中加入适当的防腐剂，如氯化物、臭氧、过氧化氢等成为防腐冰或抗生素冰，可延长冷却鱼的储藏期。总之，低温、清洁、迅速这三点是冰藏冷却法最基本的要求。

10.2 冷海水保鲜法

冷海水保鲜法是国际上一种代替冰藏冷却法来保持鱼货鲜度的方法，适用于海上围网作业捕捞的中上层鱼类。这些鱼大多是红色肉鱼，被捕获后仍活蹦乱跳，不适于用冰藏冷却。采用冷海水保鲜法是将鱼货保持在 -1~0℃ 的冷却海水中，达到保鲜的目的。

渔船上的冷海水保鲜装置大多采用制冷机和碎冰相结合的供冷方式，因为冰有较大的融解潜热，借助它可快速冷却刚入舱的鱼货；而在蓄鱼舱的保冷阶段，每天用较小量的冷量即可补偿外界传入蓄鱼舱的热量。

具体的操作方法是将渔获物装入隔热舱内同时加冰和盐。加冰是为了降低温度到 0℃ 左右，用量与冰藏冷却时一样。同时还要加冰重 3% 的食盐以使冰点下降。当鱼装满舱后，即密闭舱盖，注入海水，鱼与海水的比例约为7：3，然后开动循环泵及制冷机，将海水温度降到-1~0℃，使鱼货迅速冷却。用冷海水保鲜法，其保鲜期为9~12d。冷海水保鲜系统如图10-1所示。

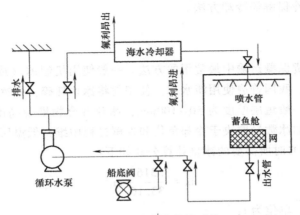

图 10-1　冷海水保鲜系统

冷海水保鲜的优点是：

1）减轻了繁重的冰鱼操作，省时省力。

2）鱼在-1℃冷海水中能立即死亡，迅速冷却，保鲜效果好，延长了保藏期限。

3）鱼在海水中有浮力，不会被挤压坏，符合商品实用要求。

4）适用于吸鱼泵等机械化装卸，效率高。

5）设备简单，投资不多，安装使用方便。

缺点是由于鱼体在冷海水中吸水膨胀，质量会增加5%~10%，使鱼肉略带咸味，体表稍有变色，虽不影响食用和加工，但仍需进一步研究改进。例如，美国和加拿大用二氧化碳处理过的冷海水来保存鱼类，能进一步延长保藏期（可达28d以上），取得良好的效果。

10.3　微冻保鲜法

常用的微冻保鲜法有冰盐混合微冻、低温盐水微冻和吹风冷却微冻三种。我国南海拖网渔船上对鱼获物进行低温盐水微冻保鲜。由于盐水的传热系数较大，故吹风冷却微冻的速度较快。低温盐水微冻设备主要包括制冷系统、盐水微冻舱和保温鱼舱三部分。

低温盐水微冻保鲜时，将清洁海水用泵吸入舱内，配制成浓度为10.3%~13.2%的盐水，舱内有冷却排管，排管内的制冷剂蒸发并冷却盐水，使盐水温度降到-5℃。同时，对保温舱进行预冷使温度降到-3℃左右。将初加工的渔获物装进放置在盐水舱里的网袋内微冻，盐水的温度由于放入渔获物而升高，经过6h左右，当再降至-5℃时，鱼体的中心温度约为-2℃时，微冻结束。鱼体内的水分含量有20%~30%的结冰率。将渔获物用吊杆吊出微冻舱，移入保温舱散装堆放，并用-2~3℃冷风维持舱温（-3±1）℃，保鲜期为20~27d。

思考与练习题

1. 常用的鱼类冷却工艺有哪几种？

2. 冷海水保鲜法适用于哪些鱼类？

3. 冰藏冷却法储藏的鱼类可以保藏几天？

单元十一　鱼类冻结与冻藏技术

学习目标

终极目标：能够根据鱼类的品种确定适宜的冷冻工艺。
促成目标：
1）掌握鱼类的冻结方法、工作原理及适用范围。
2）掌握各种冻结方法所用的装置。
3）了解鱼类在冻藏过程中发生的变化。
4）掌握鱼类解冻工艺及其适用性。

相关知识

经过冷却和微冻的鱼类，酶和微生物的作用受到一定程度的抑制，只能进行短期储藏。为了达到长期储藏，必须经过冻结加工，将鱼体温度降到−18 ~ −15℃，并在−18℃以下的低温进行储藏。一般来说，冷藏温度越低，品质保持越好，储藏期也就越长，但同时还要考虑经济性和冻藏保鲜的期限要求。我国鱼类的冻藏温度一般为−20 ~ −18℃，国外有−30℃的冻藏温度。国际制冷学会推荐水产品冻藏温度如下：多脂鱼在−29℃以下冻藏；少脂鱼在−23 ~ −18℃冻藏；而部分红色肉鱼应在−30℃以下冻藏。

11.1　鱼类的冻结和冻结装置

鱼类在冻结前必须进行挑选、清洗和整理。将腐败变质和受到损伤的鱼及杂鱼、有毒的鱼挑出，然后用水进行清洗，清洗后整理。对于需要装盘的鱼，必须认真进行整理，否则会影响到商品的外观和质量损耗。不整齐的鱼，不仅堆装困难，在搬运和销售过程中易断头、断尾，造成损耗。

鱼类的冻结方法有吹风冻结法、盐水浸渍冻结法、平板冻结法等。其中吹风冻结法使用最为广泛。

11.1.1　吹风冻结法

11.1.1.1　隧道式吹风冻结装置

隧道式吹风冻结装置由蒸发器、通风机、冻鱼笼等设备组成，如图11-1所示。隧道内的温度为−25 ~ −20℃，鱼体终温为−18 ~ −15℃，风速为3 ~ 5m/s，冻结时间为8 ~ 11h，一般日冻2次。

隧道式冻结装置的冻结速度快，劳动强度小，操作条件较好，因此使用广泛。

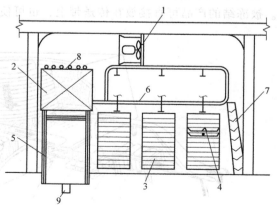

图11-1　隧道式吹风冻结装置
1—通风机　2—蒸发器　3—冻鱼笼　4—鱼盘　5—支架　6—吊棚　7—导风板　8—冲霜管　9—冲霜排水管

11.1.1.2 搁架式鼓风冻结装置

搁架式鼓风冻结装置如图11-2所示。冻结时将鱼盘放在管架上，一方面鱼盘与蒸发管组直接接触换热，再加上鼓风机使空气循环增强了对流换热，因而可缩短冻结时间。冻结间温度为 $-25 \sim 20\,℃$，轴流风机风速为 $1.5 \sim 2\,\text{m/s}$。此装置的优点是冻结量大，温度均匀，耗电量少；缺点是劳动强度大，工作条件差。故此法只适用于小型水产冷库。

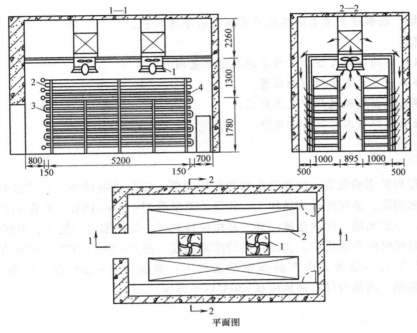

图 11-2　搁架式鼓风冻结装置（单位：mm）

1—轴流风机　2—顶管　3—管架式排管　4—出风口

11.1.1.3 螺旋带式冻结装置

螺旋带式冻结装置由隔热壳体、一个或两个转筒、蒸发器、风机等组成，如图11-3所示。被冻结的产品可直接放在传送带上，也可使用冻鱼盘。传送带由下而上转动，冷风由上

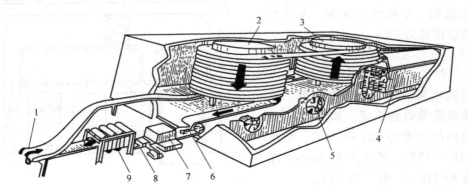

图 11-3　螺旋带式冻结装置

1—链条翻转设备　2、3—转筒　4—蒸发器　5—风机　6—卸货台

7—洗涤设备　8—干燥链的风机　9—张紧设备

向下吹，构成逆向对流换热，提高了冻结速率。

　　螺旋带式冻结装置适用于冻结不太大的单体鱼虾类食品，如鱼丸、鱼排、对虾等。

　　螺旋带式冻结装置的优点是可连续冻结，冻结速度快，干耗少，占地面积小。

11.1.1.4　流态化冻结装置

　　流态化冻结装置如图 11-4 所示。流态化冻结是使小颗粒食品悬浮在不锈钢网孔传送带上进行单体冻结的方法，可用来冻结小虾、虾仁、熟蟹肉、牡蛎等。当物料从进料口到冻结器网带后，会被自下往上的冷风吹起，在气流的包围下互不粘连地进行快速冻结，实现快速连续化生产。

　　水产品在流态化冻结装置内的冻结过程分为两个阶段进行。第一阶段为外壳冻结阶段，要求在很短的时间内使食品的外壳先冻结，这样不会使颗粒间相互黏结，以小虾为例这一阶段为 5~8min。这一阶段的风速大、压头高，一般采用离心风机。第二阶段为最终冻结阶段，要求将食品的中心温度降到−18℃以下，以小虾为例需 20~25min。

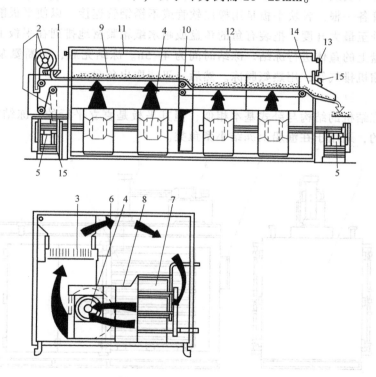

图 11-4　流态化冻结装置

1—带分配器的给料斗　2—用于洗涤和干燥传输带的自动装置　3—传输带上的网孔　4—可变风速的离心风机
5—电动机　6—观察传输带窗口　7—蒸发器镀锌盘管上可调间距的导风板　8—检查风机口　9—原料
10—两个区域之间的转换台　11—蒸汽融霜管　12—隔热层　13—冻结通道的窗口
14—出料口　15—使传输带变形的齿轮

11.1.2　盐水浸渍冻结法

　　盐水浸渍冻结分为直接接触冻结和间接接触冻结两种。

11.1.2.1　直接接触冻结

　　将鱼浸在盐水里或向鱼体喷淋盐水进行冻结。所用盐水是饱和氯化钠溶液，冻前将盐水温度降至-18℃，待鱼体中心温度降至-15℃时，冻结完毕。然后将鱼移出，迅速用清水洗淋，进行包装、冻藏。由于此法存在诸多不利因素，使用较少。

11.1.2.2 间接接触冻结

所用盐水是饱和氯化钠溶液，通过搅拌器使盐水在池内不断地循环流动，流过蒸发器时温度不断下降，当温度降至-30～-20℃时进行冻结。被冻结的鱼装在桶内浸入盐水池（切勿使盐水进入鱼桶），冻结时间为6～8h。此法的优点是冻结速度比空气的冻结速度快，又避免了盐分渗入鱼体；缺点是与盐水接触的所有容器、设备都受到腐蚀作用。

11.1.3 平板冻结法

平板冻结机分为卧式（图11-5）和立式两种。该装置适用于冻结鱼片、小型鱼类等。

11.1.3.1 卧式平板冻结机

卧式平板冻结机由包括压缩机在内的制冷系统、液压系统和升降装置所组成。每台卧式平板冻结机设有数块或十多块冻结平板，也就是制冷系统中的蒸发器。平板后方或两侧装有供液和回气总管各一根，各块平板是用橡皮软管或不锈钢管连接，以使平板能上下移动。冻结时，将平板升至最大开度，把装有鱼的鱼盘或耐水纸箱紧密地排列在平板上，下降平板以使平板紧贴鱼盘上的鱼体进行冻结。冻结时间为4～5h。冻结完后，切断氨泵供液，打开融霜阀，接通压缩机排气管，用热氨脱冻。然后，迅速取出鱼盘。

11.1.3.2 立式平板冻结机

立式平板冻结机的结构与卧式基本相似，但其平板是直立平行的，冻结时不采用鱼盘，而是散装倒入的，适用于在渔船上冻结小型鱼类。

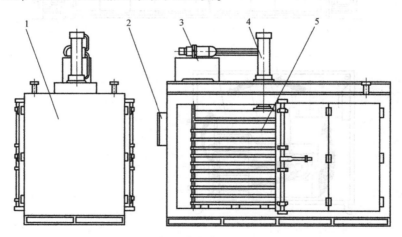

图 11-5 卧式平板冻结机

1—隔热箱体 2—电控箱 3—液压系统 4—升降液缸 5—平板蒸发器

11.1.4 回转式冻结装置

回转式冻结装置如图11-6所示。它是一种新型的连续式接触冻结装置。其主体是一个用不锈钢制成的转筒，转筒由两层不锈钢筒壁组成，外层是转筒的冷表面，它与内壁之间的空间供制冷剂直接蒸发进行制冷。制冷剂由空心轴一端进入，在两层筒壁的空间内做螺旋状运动，蒸发后的气体从另一端排除。需要冻结的水产品如虾仁、鱼片等，一个个单体由进冻传送带的入口被送到转筒的表面，由于水产一般都是湿的，与转筒冷表面一接触，立即粘在转筒表面的进料传送带上，再给以一定的压力，使之与转筒冷表面接触得更好，并在转筒冷表面上快速冻结。转筒回旋一次，就完成冻结，然后冻结品经刮刀从转筒上刮下，落在出冻传送带上即可进行包装。

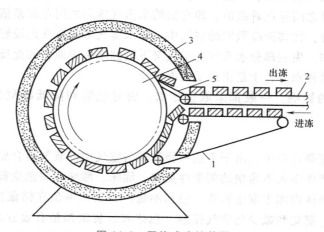

图 11-6　回旋式冻结装置
1—进冻传输带　2—出冻传输带　3—隔热外壳　4—转筒　5—刮刀

回转式冻结装置适宜虾仁、鱼片等生鲜或调理水产品的单体快速冻结，具有结构紧凑、冻结快速和干耗小等特点。

11.2　冻鱼的脱盘和包冰衣

鱼冻好后，应立即出冻、脱盘和包冰衣，包装后送往低温冷藏间储藏。

11.2.1　冻鱼的脱盘

冻鱼脱盘一般采用浸水融脱的方法，即将鱼盘放在一个常温的水槽中，将鱼盘浮在水上，使鱼块与鱼盘融化脱离，然后立即将鱼盘反转，倒出鱼块。有的冷库采用机械脱盘装置，它是一个可以移动的翻盘机械，可将经过水槽后的鱼盘推到脱盘机的台板上，由翻板旋转动作将鱼盘翻到滑板上，使鱼和盘分离。

11.2.2　冻鱼包冰衣

脱离鱼盘的鱼块在进入冷藏间前必须立即包冰衣，其目的是使鱼体与空气隔绝，以减少干耗，防止鱼体的冰结晶升华、脂肪氧化和色泽消失等变化。冻鱼包冰衣是重要的工序，也是保持冻鱼质量、延长储藏期的重要环节。

包冰衣的方法是：将脱盘后的鱼块直接浸入水槽内浸泡 3~5s，再使其滑到一个滑道上，滴出过多的水分，体外很快凝结成一层冰衣。包冰衣前，鱼体中心温度为-15℃以下，水槽内的水温应预先冷却至 5℃左右才能进行包冰衣操作。

如果需要用坚厚的冰层保护鱼冻品，可在冻结过程中加水，使鱼完全冻结在冰块中间。例如，对虾的冻结有时采用这种包冰衣的工艺。

包好冰衣的鱼块，经包装后送入冷库储藏。

11.3　鱼类在冻藏中的变化

鱼类在冻藏期间的变化主要有干耗、脂肪氧化、色泽变化和鱼体的冰结晶长大等。

11.3.1 干耗

干耗是由于鱼体中水分的散失而造成鱼体重量的减少。干耗除了造成经济上的损失以外，更重要的是引起冻鱼风味、质量下降。产生干耗的原因在于冻鱼周围空气的含水量和冷藏间内空气的含水量之间存在着差值，即它们的水蒸气压力之间存在差值。于是冻鱼表面因蒸气压差而丧失水分，转移到冷藏间的空气中。含水蒸气多的空气比较轻，上升到蒸发器表面的水蒸气凝结成霜。失去部分水蒸气的空气又下沉到冻鱼表面，如此反复进行，以空气为介质，冻鱼失去热量和水分，于是出现了表面干燥。

为了减少干耗的影响，一般都采取包冰衣、密封包装和降低冻藏温度的方式来减少干耗。

11.3.2 脂肪氧化

鱼类在长期的储藏过程中，由于不饱和脂肪酸与空气中的氧气结合而造成脂肪氧化。脂肪氧化后，鱼类会产生令人不愉快的刺激性臭味、涩味、酸味和颜色变黄等。又由于水分对脂肪的分解作用，鱼体内部也发生褐变，引起油烧。要防止冻鱼在储藏过程中的脂肪氧化，一般采取以下措施：避免和减少与空气接触，包冰衣、装箱都是有效方法。冻藏温度要低，而且要稳定。许多试验证明，即使在 $-25℃$，也不能完全防止脂肪氧化，只有在 $-35℃$ 以下，才能有效地防止脂肪氧化。防止冻藏间漏氨，因为环境中有氨会加速油烧。使用抗氧化剂。

11.3.3 色泽变化

鱼贝类经冻结后色泽有明显变化，冻藏一段时间后，更为严重。例如，黄花鱼的姜黄色变灰白色，乌贼的花斑变为暗红色，虾类在冻结和冻藏时头、足、关节处的黑变等。由于色泽变化不仅造成外观不佳，而且会产生臭气，冻品失去香味，营养价值下降。一般来说，降低储藏温度可使之不变色或少变色。

11.3.4 冰结晶长大

在冻藏过程中，使冰结晶长大的主要原因是温度的波动。当冷藏间温度升高时，鱼体组织中的冰结晶部分融化，融化形成的水就附在未融化的冰结晶表面或留在冰结晶之间，当温度降低时，这些水分又在原地冻结，引起冰结晶长大。冻藏时间越长、温度波动次数越多，小冰结晶就越来越多地长成大冰结晶。由于冰结晶长大，会引起鱼体组织细胞壁的机械损伤和破裂，在解冻时破裂的细胞融化的水不能被吸收，造成汁液流失及风味和营养成分的损失。要防止冰结晶长大，在储藏过程中要严格控制温度波动，减少开门次数，进出货要迅速，尽量避免外界热量的传入。

11.4 解冻

使冻结在鱼体内的冰结晶融化，恢复冻结前的新鲜状态称为解冻。冷冻食品的解冻方法直接关系到解冻食品的质量和风味。鱼类冻结食品的解冻方法有以下几种。

11.4.1 水解冻

将冻结的鱼浸在水中解冻，由于水比空气传热性能好，解冻时间可缩短。

11.4.1.1 静水式解冻

将冻结的鱼直接浸入水槽中进行缓慢解冻。这种解冻方法是罐头厂、食品加工厂广泛使用的方法。一般是在当日工作完后，将冻结的鱼浸入水槽内，经过一个晚上，第二天鱼刚好能切开。

11.4.1.2　低温流水浸渍解冻

低温流水浸渍解冻装置在水槽一端的底部装有螺旋桨，可正转和反转，每 5min 换一次方向，空载时槽内水流速为 15m/min。通过热交换器保持水温在 5～12℃，解冻时间只需 80～90min。根据解冻鱼的多少，可将多个水槽连在一起使用。水槽内的水使用一段时间后，因鱼体上的杂质和鳞片落入，故需要经处理后再用。

11.4.1.3　喷淋解冻

将鱼放在传送带上，向传送带上喷淋加热后水温为 18～20℃ 的水进行解冻。这种解冻方法较少使用。

11.4.2　空气解冻

空气解冻是最经济方便的解冻方法之一。采用常温空气解冻，因受环境温度影响而变化较大，解冻时间长短不一，只适用于少量冻品的解冻。生产量大时，可用风机使空气流动以加快解冻速度。为了保证解冻质量，可采用风速为 1m/s、气温为 15℃、相对湿度为 90%～98% 的流动空气进行解冻。

11.4.3　电解冻

电解冻包括高压静电解冻和不同频率的电解冻。这里以微波解冻为例介绍其解冻原理。

微波解冻法属于内部加热方式，是电解冻的一种。其原理是电磁波对冻品中的高分子和低分子的极性基团起作用，尤其对水分子起特殊作用。它使极性分子在高频变化的电磁场中不断地改变排列方向，变化时分子进行旋转、振动，互相碰撞、摩擦，产生热量。电磁波的频率越高，碰撞和摩擦作用越大，发热量越大，解冻速度越快。

微波解冻装置如图 11-7 所示。解冻室由不锈钢制成，上部有微波发生器和搅拌器，为防止冻结食品突出部分过热，用 -15℃ 冷风在食品表面循环。

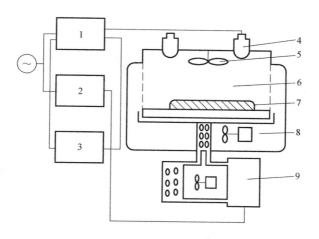

图 11-7　微波解冻装置

1—磁控管电源　2—冷风机电源　3—控制电路　4—磁控管　5—搅拌器　6—解冻室
7—冻结水产品　8—冷风循环通道　9—冷风机组

微波解冻的优点是解冻速度快，时间短，质量好，效率高，耗电少，并能保持食品的色、香、味。微波解冻的最大缺点是冻品受热不均匀，不适合进行完全解冻，而且装置成本高。

适合鱼类解冻的方法还有真空解冻、组合解冻等方法，不再一一介绍。

思考与练习题

1. 鱼类的冻结方法主要有哪三大类？
2. 螺旋带式冻结装置适用于冻结什么样的食品？
3. 平板冻结机是如何工作的？
4. 鱼类包冰衣的目的是什么？
5. 国际冷冻学会是如何推荐水产品的冻藏温度的？
6. 采取哪些措施可以减少鱼类在冻藏中的干耗？
7. 为防止冻鱼在储藏过程中的脂肪氧化需采取哪些措施？
8. 列举三种鱼类冻结食品的解冻方法，并阐述其优缺点。

项目四

禽蛋冷加工技术

单元十二　禽蛋的构造及其特性

学习目标

终极目标：能够对禽蛋的构造和营养成分进行分析，能够鉴别禽蛋质量。

促成目标：

1）掌握禽蛋的构造。

2）了解禽蛋的营养成分及常见禽蛋的营养对比。

3）掌握禽蛋的鉴别方法。

相关知识

禽蛋是指各种母禽排出体外的卵。蛋类含有人体必需的蛋白质、脂肪、矿物质、维生素及人类大脑不可缺少的脑磷脂和卵磷脂，是营养价值较高的食品之一。通常所说的禽蛋是指没有经过加工再制造、蛋体未经破坏的蛋，主要有鸡蛋、鸭蛋和鹅蛋。

12.1　蛋的构造

不同品种的蛋，其构造是相同的，即由蛋壳、内外壳膜、蛋白、蛋黄、系带、气室、胚珠或胚盘七个部分组成。

12.1.1　蛋壳

完整的蛋壳呈椭圆形，主要成分为碳酸钙，约占全蛋重量的 11.1%～11.5%。蛋壳又可分为外壳膜、硬壳、内壳膜和气室。蛋壳在醋或一些酸性溶液中浸泡一段时间会消失，变成无壳鸡蛋，只剩下一层薄膜。

壳膜为包裹在蛋白之外的纤维质膜，是由坚韧的角蛋白构成的有机纤维网。壳膜分为两层：外壳膜（即壳上膜）较厚，在蛋壳外面，是一层不透明、无结构的膜，作用是避免蛋品水分蒸发；内壳膜（即壳下膜）约为外壳膜厚度的 1/3，为在蛋壳里面的薄膜，空气能自由通过此膜。内壳膜与外壳膜大多紧密接合，仅在蛋的钝端二者分离构成气室。气室是蛋产出之后，由于体内外温差所导致收缩而在壳膜间形成的空隙；若蛋内水分遗失，气室会不断地增大；待受精卵孵化时，随胚胎的发育而增大。

12.1.2　蛋白

蛋白是内壳膜内半流动的胶状物质，约占全蛋重量的 55%～65%。蛋白中约含蛋白质

12%，主要是卵白蛋白。蛋白中还含有一定量的核黄素、烟酸（尼克酸）、生物素和钙、磷、铁等物质。

蛋白又分浓蛋白和稀蛋白。浓蛋白是靠近蛋黄的部分蛋白，浓度较高；稀蛋白是靠近蛋壳的部分蛋白，浓度较低。

12.1.3 蛋黄

蛋黄多居于蛋白的中央，由系带悬于两极。蛋黄的体积约占全蛋体积的 30%~32%，主要组成物质为卵黄磷蛋白，另外脂肪含量为 28.2%，脂肪多属于磷脂类中的卵磷脂。在营养方面，蛋黄中含有丰富的维生素 A 和维生素 D，并且含有较高的铁、磷、硫和钙等矿物质。

12.1.4 胚盘或胚珠

蛋黄表面的白点为胚盘或胚珠，受精蛋的胚盘直径约为 3mm，未受精蛋的胚珠更小。

12.2 蛋的化学组成

12.2.1 蛋的一般化学组成

禽蛋的化学成分取决于家禽的种类、品种、饲养条件和产卵时间等。蛋的结构复杂，其化学成分也丰富。虽然各成分的含量有较大的变化，但同一品种蛋的基本成分是大致相似的。表 12-1 是几种主要禽蛋的化学组成［摘自中国食物成分表（2015 年）］。

表 12-1　几种主要禽蛋的化学组成

名称	可食部分 (%)	能量 /kcal	水分 /g	蛋白质 /g	脂肪 /g	碳水化合物 /g	维生素A视黄醇当量 /μg	维生素/mg 维生素B₁	维生素B₂	烟酸 /mg	维生素E /mg	钠 /mg	钙 /mg	铁 /mg	胆固醇 /mg
鹌鹑蛋	86	160	73.0	12.8	11.1	2.1	337	0.11	0.49	0.1	3.08	106.6	47	3.2	515
鹅蛋	87	196	69.3	11.1	15.6	2.8	192	0.08	0.30	0.4	4.50	90.6	34	4.1	704
鸡蛋（白皮）	87	138	75.8	12.7	9.0	1.5	310	0.09	0.31	0.2	1.23	94.7	48	2.0	585
鸡蛋（红皮）	88	156	73.8	12.8	11.1	1.3	194	0.13	0.32	0.2	2.29	125.7	44	2.3	585
鸭蛋	87	180	70.3	12.6	13.0	3.1	261	0.17	0.35	0.2	4.98	106.0	62	2.9	565

注：1kal=4.1868kJ。

可以看出，鸡蛋的水分含量高于水禽蛋的水分含量，而鸡蛋的脂肪含量则低于水禽蛋的脂肪含量。鸡蛋的缺点是胆固醇含量较高。鸭蛋的营养价值和口味等虽不如鸡蛋，但鸭蛋的深加工制品却相当受欢迎。鹌鹑蛋是近年来迅速普及的一种营养性食品，其不仅口味细腻、清香，而且营养成分全面，胆固醇含量低，具有独特的食疗作用，综合营养价值相当高。

12.2.2 蛋壳的化学组成

蛋壳主要由无机物组成，约占整个蛋壳的 94%~97%；有机物约占蛋壳的 3%~6%，主要为蛋白质，属于胶原蛋白。禽蛋的种类不同，其蛋壳的化学成分也略有差异，对比如下：

（1）鸡蛋　有机成分 3.2%，碳酸钙 93.0%，碳酸镁 1.0%，磷酸钙及磷酸镁 2.8%。

（2）鸭蛋　有机成分 4.3%，碳酸钙 94.4%，碳酸镁 0.5%，磷酸钙及磷酸镁 0.8%。

12.2.3　蛋白的化学组成

禽蛋中的蛋白是一种胶体物质，蛋白的结构和种类不同，其胶体状态也不同。鸡蛋和鸭蛋的蛋白对比如下（每100g可食部分的含量）：

（1）鸡蛋　水分86.6g，蛋白质11.6g，脂肪0.1g，碳水化合物0.8g，灰分0.8g。

（2）鸭蛋　水分87.8g，蛋白质10.9g，碳水化合物0.5g，灰分0.8g。

蛋白中，水分大部分以溶剂形式存在，少部分与蛋白质结合，以结合水形式存在。蛋白质包括卵白蛋白、卵伴白蛋白（也称为卵转铁蛋白）、卵黏蛋白、卵类黏蛋白、卵球蛋白 G_2 和卵球蛋白 G_3、溶菌酶（G_1）、抗生物素蛋白、黄素蛋白等。碳水化合物以两种形式存在：一种与蛋白质结合，以结合状态存在，约占蛋白的0.5%；另一种以游离态存在，其中98%为葡萄糖，其余为果糖、甘露糖、阿拉伯糖等，约占蛋白的0.4%，这些糖类含量虽很小，但与蛋白片、蛋白粉等制品的色泽有密切关系。蛋白中脂肪的含量极少，约占0.02%。蛋白中灰分的种类很多，其中钾、钠、氯等离子含量较多，而磷和钙含量少于卵黄。蛋白中维生素的含量较少，主要是核黄素，所以蛋白呈浅黄色。

12.2.4　蛋黄的化学组成

蛋黄不仅结构复杂，其化学成分也极为复杂，鸡蛋蛋黄和鸭蛋蛋黄化学成分对比如下（每100g可食部分的含量）：

（1）鸡蛋　水分49g，蛋白质16.7g，脂肪31.6g，碳水化合物1.2g，灰分1.5g。

（2）鸭蛋　水分46g，蛋白质16.9g，脂肪34.7g，碳水化合物1.2g，灰分1.2g。

蛋黄中的蛋白质大部分是脂蛋白质，包括低密度脂蛋白、卵黄球蛋白、卵黄高磷蛋白和高密度脂蛋白。

蛋黄中的脂质含量最多，占32%~35%，其中属于甘油酯的真正脂肪所占的比重最大，约占20%；其次是磷脂（包括卵磷脂、脑磷脂和神经磷脂），约占10%；还有少量的固醇和脑苷脂等。蛋黄中不饱和脂肪酸较多，易氧化，在蛋品保藏上，即使是蛋黄粉和干全蛋品的储存也应引起充分重视。

禽蛋中尤以蛋黄色素含量最多，使蛋黄呈黄色或橙黄色。这些色素大部分为脂溶性色素，属类胡萝卜素一类。

禽蛋中的维生素主要存在于蛋黄中，不仅种类多且含量丰富，尤以维生素 A、维生素 E、维生素 B_2、维生素 B_6、泛酸为多，此外还有维生素 D、维生素 K、维生素 B_1、维生素 B_{12}、叶酸、烟酸等。

蛋黄中含1.0%~1.5%的矿物质，其中以磷最为丰富，占无机成分总量的60%以上，钙次之，占13%左右，还含有铁、硫、钾、钠、镁等，并且其中的铁很易被人体吸收。

12.3　禽蛋的营养价值

如前所述，禽蛋的营养成分是极其丰富的，尤其含有人体所必需的优良的蛋白质、脂肪、类脂质、矿物质及维生素等营养物质，而且消化吸收率非常高，堪称优质营养食品。仅从一个禽蛋能形成一个个体，即一个受精蛋，在适宜条件下，靠自身的营养物质可孵出雏禽，就足以说明禽蛋中含有个体生长发育所必需的各种营养成分。

12.3.1　禽蛋具有较高的热值

禽蛋的成分中约有1/4的营养物质具有热值。因为糖的含量甚微，所以禽蛋的热值主要是由其含有的脂肪和蛋白质决定的。不同食品的热值比较见表12-2。

表12-2　不同食品的热值比较

食品	脂肪/（g/100g）	蛋白质/（g/100g）	碳水化合物/（g/100g）	热值（kJ/100g）
猪肉	28.8	16.7	1.0	1381.6
羊肉	28.8	11.1	0.8	1285.3
鸡蛋	15.0	11.8	1.3	782.9
鸭蛋	16.0	14.2	0.3	845.7
牛肉	6.2	20.3	1.7	602.9
鸡肉	2.5	21.5	0.7	464.7
鸭肉	7.5	16.5	0.5	569.4
牛乳	4.0	3.3	5.0	288.9
羊乳	4.1	3.8	4.3	288.9

可以看出，禽蛋的热值虽低于猪肉、羊肉，但高于牛肉、禽肉和乳类。

12.3.2　禽蛋富含营养价值较高的蛋白质

食品蛋白质营养价值的高低，通常从蛋白质的含量、蛋白质消化率、蛋白质的生物价和必需氨基酸的含量四个方面来衡量。禽蛋的蛋白质从这四个方面来测定，都达到了理想的标准。

（1）蛋白质的含量　在日常食物中，蛋类的蛋白质含量仅低于豆类和肉类，而高于其他食物，也属于蛋白质含量较高的重要食物。

（2）蛋白质消化率　蛋白质消化率是指一种食物蛋白质可被消化酶分解的程度。蛋白质消化率越高，其被机体吸收利用的可能性就越大，其营养价值也就越高。按一般常用方法烹调食物时，各种食品的蛋白质消化率为：蛋类98%，奶类97%~98%，肉类92%~94%，米饭82%，面包79%。由此可见，禽蛋的蛋白质消化率很高，是其他许多食品无法比拟的。

（3）蛋白质的生物价　生物价是表示蛋白质消化吸收后在体内被利用的程度的重要指标。常见食品的蛋白质生物价如下：鸡蛋（全）：94；鸡蛋黄：96；鸡蛋白：83；牛奶：85；牛肉：76；白鱼：76；猪肉：74；虾：77；大米：77；小麦：67；大豆：64；玉米：60；蚕豆：58；小米：57；面粉：52；花生：59。

可见，鸡蛋的蛋白质生物价高于其他动物性食品和植物性食品的蛋白质生物价。

（4）必需氨基酸的含量　人体需要而又不能自己合成，必须由食物提供的氨基酸，称为必需氨基酸。评定一种食物蛋白质营养价值的高低时，还应根据8种必需氨基酸的种类、含量及相互间的比例来判定。蛋类和理想蛋白质的必需氨基酸的含量（以每100g可食部分计，括号内数字为每100g蛋白质内氨基酸的含量）如下：

① 鸡蛋：水分73.2%，粗蛋白质12.7%，缬氨酸866（68）mg，亮氨酸1175（93）mg，异亮氨酸639（50）mg，苏氨酸664（52）mg，苯丙氨酸715（56）mg，色氨酸204（16）mg，甲硫氨酸433（34）mg，赖氨酸715（56）mg。

② 鸭蛋：水分71.8%，粗蛋白质12.5%，缬氨酸853（86）mg，亮氨酸1175（94）mg，异亮氨酸571（46）mg，苏氨酸806（64）mg，苯丙氨酸801（64）mg，色氨酸211（17）mg，甲硫氨酸595（48）mg，赖氨酸704（56）mg。

③ 鹅蛋：水分 70.6%，粗蛋白质 14.8%，缬氨酸 1070（72）mg，亮氨酸 1332（90）mg，异亮氨酸 706（48）mg，苏氨酸 996（67）mg，苯丙氨酸 876（59）mg，色氨酸 234（16）mg，甲硫氨酸 625（42）mg，赖氨酸 1072（72）mg。

④ 理想蛋白质：缬氨酸（50）mg，亮氨酸（70）mg，异亮氨酸（40）mg，苏氨酸（40）mg，苯丙氨酸（60）mg，色氨酸（10）mg，甲硫氨酸（35）mg，赖氨酸（55）mg。

从以上数字可知，禽蛋的蛋白质中不仅所含必需氨基酸的种类齐全，含量丰富，而且必需氨基酸的数量及其相互间的比例也很接近人体的需要，是一种理想蛋白质。禽蛋经过适当加工（如加工为松花蛋、糟蛋等）后，其蛋白质营养价值将会得到进一步提高。

12.3.3　禽蛋中含有极为丰富的磷脂质

禽蛋中含有 11%~15% 的脂肪，而脂肪中有 58%~62% 为不饱和脂肪酸，其中必需脂肪酸、油酸和亚油酸的含量丰富。禽蛋中还富含磷脂和固醇类，其中的磷脂（卵磷脂、脑磷脂和神经磷脂）对人体的生长发育非常重要，是大脑和神经系统活动所不可缺少的重要物质。固醇是机体内合成固醇类激素的重要成分。

12.3.4　禽蛋中的矿物质和维生素

禽蛋中含有约 1% 灰分，其中钙、磷、铁等无机盐含量较高。相对其他食物而言，蛋黄中铁含量高，并且利用率达 100%。因此，蛋黄是婴幼儿及缺铁性贫血患者补充铁的良好食品。禽蛋中还含有丰富的维生素 A、维生素 D 及维生素 B_1、维生素 B_2 和烟酸等。

禽蛋中的蛋白质具有抗原活性，如果生吃蛋类，这些具抗原活性的蛋白质进入血液后，会使人体发生变态反应。但通过加热的方式，可以使这些蛋白质的抗原活性失活，消除其不利影响。因此，蛋类应熟吃，那种以为生鸡蛋更有营养价值的观点是错误的。据研究，生鸡蛋或未熟鸡蛋，其消化率仅有 50%~70%，而熟鸡蛋的消化率则达 90% 以上。

12.4　禽蛋的质量鉴别

12.4.1　禽蛋质量的感官鉴别

禽蛋的质量好坏，一般可通过感官进行鉴别。

（1）看　用肉眼观察，蛋壳完好无损，色泽鲜明（一般呈粉红色，红皮蛋红润，白皮蛋洁白），表面有一层白霜，这是正常新禽蛋的特征；陈蛋的蛋壳比较光滑，受雨淋或受潮发霉的蛋，蛋壳有灰黑斑点，臭蛋的壳是乌灰色的。

（2）摸　新鲜的蛋拿在手里发沉，有压手的感觉；白蛋（经过孵化挑出来的，未受精卵）发滑、发飘，空头大的蛋较轻。

（3）听　用手拿两三个蛋，在手中轻轻滚动相碰，听声鉴别。新鲜禽蛋发出的声实，如石子相撞的清脆咔咔声；如果响声空洞，摇晃感到内容物有些动荡的声响，则为陈蛋。

（4）嗅　用鼻子嗅闻蛋的气味是否正常，有无异味，如果有异味，则说明是劣质蛋。

12.4.2　灯光照蛋鉴别法

灯光照蛋可鉴别出蛋的品质好坏的程度，灯光透视迅速、准确，而且不会损坏蛋的品质。

根据灯光照蛋时内容物的情况不同，将蛋分为以下几类：

（1）新鲜禽蛋　全蛋透光呈半透明状，由于蛋白浓厚，不见或略见蛋黄暗影，气室很小，蛋壳无损伤，内容物无斑点或斑块。

（2）靠黄蛋　禽蛋存放过久，致使浓厚蛋白开始变稀（包括系带变稀），蛋黄比重较蛋白小，所以向上方漂浮靠近蛋壳，称为靠黄蛋。

（3）红贴皮（搭壳蛋）　靠黄蛋继续存放，蛋黄会贴在蛋壳上，在灯光透视下，蛋黄贴壳处呈红色，称为红贴皮。根据蛋黄贴壳面积大小的不同，可分为小红贴和大红贴。对于小红贴，当旋转蛋时，蛋黄可以和蛋壳脱离；对于大红贴，蛋黄贴于蛋壳上的面积过大，旋转蛋时不能与蛋壳脱离，打开时会散黄，气室比靠黄蛋稍大。这类蛋已很不新鲜，不能存放，应将其剔除。

（4）黑贴皮　黑贴皮是红贴皮的进一步发展，在蛋壳上的贴层随水分的蒸发而加厚。在灯光透视下，因其透光性差而显黑色，蛋打开后均散黄，气室较大。

（5）霉蛋　由于蛋已很不新鲜，抗菌物质活性减弱，再加上包装物或环境的不清洁和潮湿等因素，霉菌孢子会通过蛋壳气孔进入蛋内，形成斑点或斑块状菌落，因这种蛋寄生有霉菌，统称霉蛋。霉蛋在灯光透视下，蛋内显示黑色斑点或斑块。蛋打开后，若无异味，剔除斑点后还可食用，但不能再存；若有酸臭等异味，则不能食用。

（6）散黄蛋　散黄蛋的蛋黄膜已破裂，蛋白、蛋黄已完全混合，溶菌酶已完全失去作用，在灯光透视下，轻度散黄呈云雾状，严重散黄呈混浊的水状，气室大并随蛋的转动而转动，用手摇动时能听出水声。原因是蛋白层水分渗透，蛋黄膜失去弹性而破裂，在运输、储藏及销售中振动，微生物已侵入蛋黄内。

（7）老黑蛋（臭蛋）　由细菌和霉菌侵入造成的散黄蛋进一步发展为老黑蛋。老黑蛋中的内容物已受到严重的分解，蛋液混浊呈黑绿色，除气室透光外，其他部分均不透光，蛋内有氨（NH_3）和硫化氢（H_2S）气体产生，臭气四溢，严重时蛋壳表面也会渗出臭水，再严重时蛋会自行爆裂。这类蛋已完全不能食用。

12.4.3　禽蛋打开鉴别

将禽蛋打开，将其内容物置于玻璃平皿或瓷碟上，观察蛋黄与蛋白的颜色、稠度、性状，有无血液，胚胎是否发育，有无异味等。

（1）良质禽蛋　蛋黄、蛋白色泽分明，无异常颜色。蛋黄呈圆形凸起而完整，并带有韧性；蛋白浓厚且稀稠分明；系带粗白而有韧性，并紧贴蛋黄的两端。

（2）次质禽蛋　颜色正常，蛋黄部有圆形或网状血红色；蛋白颜色发绿，其他部分正常；或蛋黄颜色变浅，色泽分布不均匀，有较大的环状或网状血红色；蛋壳内壁有黄中带黑的粘痕或霉点；蛋白与蛋黄混杂。

（3）劣质禽蛋　蛋内液态流体呈灰黄色、灰绿色或暗黄色，内杂有黑色霉斑，蛋黄扩大、扁平，蛋黄膜增厚发白，蛋黄中呈现大血环，环中或周围可见少许血丝，蛋白变得稀薄，蛋壳内壁有蛋黄的粘连痕迹，蛋白与蛋黄相混杂（但无异味）；蛋内有小的虫体；蛋白和蛋黄全部变得稀薄且混浊；蛋膜和蛋液中都有霉斑或蛋白呈胶冻样霉变；胚胎形成并长大。

思考与练习题

1. 蛋类的营养成分包括哪些？
2. 如何对禽蛋进行感官鉴别和打开鉴别？

单元十三　禽蛋的冷却和冷藏

学习目标

终极目标：掌握禽蛋的冷却和冷藏工艺。

促成目标：

1）了解禽蛋的挑选和整理工作。

2）掌握禽蛋的冷却方法。

3）掌握禽蛋的冷藏工艺和升温方法。

相关知识

禽蛋的保鲜工作非常重要。家禽产蛋有强烈的季节性，旺季生产有余，淡季供不应求，为了调节供求之间的关系，需要采取适当的储藏方法，保证禽蛋的质量，延长禽蛋可供食用的时间。

13.1　禽蛋冷却前的挑选和整理工作

禽蛋在冷却前必须经过严格的挑选、检查和分级，剔出霉蛋、散黄蛋和破壳蛋等对长期保藏有影响的次劣蛋，否则这些次劣蛋会污染其他禽蛋。

禽蛋在运输时，一般在箱、筐内都有垫草，草上可能带有大量的霉菌，所以除草和照蛋是蛋品冷藏的关键。过去一直是手工操作，生产效率低，劳动强度大。现在可以通过机器实现除草、照蛋，以及装箱一系列过程的自动操作。其工艺流程是：上蛋—槽带输送—风筒除草—输送—照蛋—胶滚输送—下蛋斗—称重装箱。鸡蛋从箱或筐中倒入上蛋部位，由槽带运输到风筒下部，引风机将草从风筒中抽出，之后净蛋移入照蛋部分，依顺序通过灯光照射，人工鉴别出劣蛋，好蛋被送到下蛋斗中，下蛋斗翻转后，将禽蛋装入木箱或纸箱，蛋箱随着鸡蛋的增加自动下降，装满后自动停车，将重箱取出换空箱，磅秤自动复原，机器又开始运行，继续生产。禽蛋的包装一般采用木箱、竹篓和纸箱，包装材料必须坚固、干燥、清洁、无异味且不易吸潮。对于包装好的禽蛋，要使容器内外通气，以便使禽蛋易于散热降温，切不可密封严密。

作为长期冷藏的禽蛋，必须是经过挑选检查的新鲜一类蛋和二类蛋。春季产的蛋耐储藏；4~5月产的蛋比春季产的蛋略差，但也适合长期储藏；6~9月产的蛋质量较差，蛋内水分多，蛋黄不坚实，浓厚蛋白少，容易变质，而且雨淋、"出汗"、发霉、受热的多，因此最好不做长期冷藏；10~12月产的蛋品质量又有好转，可冷藏。这只是粗略的划分，各地可根据具体情况来考虑。

13.2　禽蛋的冷却

禽蛋的冷却是将禽蛋由常温状态缓慢地降低到接近冷藏温度的降温过程。

由于蛋的内容物是半液体状态的均匀物质，若骤然冷却会使蛋的内容物收缩，体积减小，蛋内压力降低，空气中的微生物会随空气一起进入蛋内，致使禽蛋逐渐变坏。此外，禽蛋直接送入冷藏间会使库温波动剧烈，影响库内储藏的禽蛋品质。所以，禽蛋在冷藏前应进行冷却处理，然后才能进行低温冷藏，以延长储存期限。

禽蛋的冷却应在专用的冷却间或冷库的过道、穿堂进行。冷却间采用微风速冷风机，以便使室内空气温度均匀一致和加快降温速度。在冷却时，要求冷却温度与蛋体温度相差不大，一般冷却间的空气温度应较蛋体温度低 2~3℃。冷却间温度每隔 1~2h 降温 1℃，使禽蛋温度逐渐下降。冷却间的相对湿度为 75%~85%，空气流速应为 0.3~0.5m/s。一般经过 24~48h，待蛋温达到 1~3℃，即可停止冷风机降温，结束冷却工作，将蛋转入冷藏间内冷藏。

在生产旺季，冷却可在有冷风机的冷藏间内进行，要求禽蛋一批进库，然后逐渐降温，达到温度后就可以在库内储藏，不必转库。

有的冷库在禽蛋进行挑选、整理过程中就降温冷却，然后再冷藏，质量也能得到保证。

国外研究指出，蛋白变稀引起的质量变化的主要原因是温度。经试验，在 4.4℃、12.8℃ 和 21.1℃ 三种不同温度下保藏 3d 后的质量损失分别为 6.3%、12.4% 和 22.5%。并特别指出，母鸡下蛋后的 48h 内，蛋的质量下降最快，因此应将刚下的蛋立即在 10℃ 左右温度下冷却 10h，可将质量下降降至最低限度，然后再包装、运输和冷藏。

13.3 禽蛋的冷藏

预冷后的禽蛋应立即入库冷藏。冷藏法保存禽蛋时，蛋内各种成分变化很小，蛋壳表面几乎无变化，并且操作简单、管理方便、储藏效果好，一般储藏半年以上仍能保持蛋的新鲜，因此，冷藏法在国内外广泛应用。

13.3.1 禽蛋的冷藏原理

禽蛋是有生命的活的物质，随着外界条件的影响时刻在发生生物、微生物、物理、化学等各种变化。而所有外界条件中，温度是关键因素。降低禽蛋的环境温度可以减缓蛋内容物的变化和抑制微生物活动，达到长期保存的目的。

13.3.2 禽蛋的冷藏工艺

禽蛋的冷藏是在已经冷却的基础上开始的。人们在长期的禽蛋冷藏过程中积累了丰富的经验，概括起来主要有三句话：库房要消毒，按质专室存；管理责任明，装卸四个轻；堆垛要留缝，日夜不停风。

13.3.2.1 库房要消毒，按质专室存

禽蛋是鲜活商品，需要新鲜空气。因此在禽蛋旺季到来之前，要对高温库做好准备工作，将冷库打扫干净、通风换气并全面消毒，以杀灭库内残存的微生物。淡季要对库房进行全面清扫，用漂白粉或石灰消毒，对冷库垫木等用具用热肥皂水进行清洗，并消毒、晒干，彻底消灭霉菌。

禽蛋进库冷藏前要把库内温度降至 -1~0℃，相对湿度为 80%~85%，这样有利于保持禽蛋质量。

按质专室存是指高质量的同类食品应用专门冷藏室存储，这样有利于延长食品的储藏期。例如，每年三四月份的禽蛋质量较好（一类蛋和二类蛋），就应划定专门冷藏室，储满为止，不再进出，保持温度和湿度的稳定，有利于储存期的延长。这类禽蛋储存 8 个月后，一般变质率仅为 4%~5%，而非专室储存的禽蛋 6 个月后的变质率达 7.4%。专室储藏蛋既

有利于保证质量，又有利于其他商品的存储。

13.3.2.2 管理责任明，装卸四个轻

冷藏室要有专职管理人员。仓管员对冷库性能要心中有数，了解地板负荷，安排库房堆垛；知道食品的特点，做到管理工作有条不紊。例如，禽蛋和苹果可以并库储存，因为苹果的水分较少，而橘子、梨因为水分多，就不能与禽蛋并库，以免禽蛋因湿度高而生霉变质。

应有专人做好冷库门的开关工作，这样可减少冷气损耗，力求使回笼间门斗的温度为8~10℃，使高温冷藏室的温度不易很快上升，这对库内禽蛋不会引起不良作用。

装卸要做到四个轻，即轻拿、轻放、轻装、轻卸，这样可以大大降低蛋的破碎率。

13.3.2.3 堆垛要留缝，日夜不停风

为了改善库内的空气质量，使冷却库内温度稳定，便于检查储藏效果，码垛应间隔适宜，准备保存较长时间的蛋品放在里面，短期保存的放在外面，以便出库。每批蛋进库后应挂上货牌、入库日期、数量、类别、产地和温度变化情况。

控制冷库内的温度和湿度是取得良好冷藏效果的关键。禽蛋冷藏的适宜温度为-2~1℃，相对湿度为85%~90%，一般可冷藏6~8个月。在禽蛋冷藏期内，库温应保持稳定均匀，24h内温差不超过0.5℃，否则易影响蛋品质量。同时，按时换入新鲜的空气，排出库内污浊的气体。新鲜空气的换入量一般是每昼夜2~4个库室的容积。

13.4 冷藏蛋出库前的升温

冷藏的禽蛋在出库供应市场前必须进行升温工作，否则会因温差过大而使蛋壳表面凝结一层水珠，俗称"出汗"。这将使壳外膜被破坏，蛋壳气孔完全暴露，为微生物顺利进入蛋内创造了有利条件。蛋壳着水后也很容易感染微生物，这将加速了蛋的腐败和被大量霉菌感染，影响了蛋的质量。

冷藏蛋的升温工作最好是在专设的升温间进行，也可以在冷藏间的走廊或冷库穿堂进行。冷藏蛋升温时应先将升温间的温度降至比蛋温高1~2℃，以后再每隔2~3h将室温升高1℃，切忌库温突然上升过高。当蛋温比外界温度低3~5℃时，升温工作即可结束。

思考与练习题

1. 禽蛋的质量与产蛋季节有什么关系？
2. 为什么要对入库冷藏的禽蛋进行冷却？方法是什么？
3. 禽蛋的冷藏原理是什么？
4. 为什么冷藏蛋在出库前要进行升温？如何操作？

项目五

果蔬冷加工技术

单元十四　果蔬的营养成分、特性及与冷加工的关系

🔄 学习目标

终极目标：能够根据果蔬的品种及营养成分确定适宜的冷加工工艺。

促成目标：

1) 掌握果蔬的营养成分及其与冷加工的关系。
2) 了解果蔬的分类及其与冷加工的关系。
3) 掌握果蔬的采后生理及其与冷加工的关系。

🔄 相关知识

水果和蔬菜在人类饮食结构中占有重要地位，是人体所需维生素、矿物质和微量元素的重要来源，许多国家和地区已将新鲜果蔬的日摄入量作为衡量该地区人民健康水平的重要指标。然而，果蔬收获具有一定的季节性和地区性，新鲜的果蔬又极易萎蔫甚至腐烂变质，因此，如何有效地提高果蔬的储藏品质、减少腐烂，是全世界极为关注的课题，而采用合理的冷加工工艺进行果蔬的储藏是十分有效的。

14.1　果蔬的营养成分

14.1.1　水分

水分是维持果蔬生命活动的主要成分，它是表明果蔬是否新鲜的重要标准。果蔬中的含水量很高，一般在90%左右，有的高达95%以上。按照水分的存在形式，可将果蔬中的水分为两大类：一类是自由水（又称为游离水），另一类是结合水。

自由水在果蔬中占大部分，这部分水存在于果蔬组织的细胞中，可溶性物质就溶解在这类水中。自由水是食品冷加工研究的重点，因为自由水容易蒸发，果蔬在储存和加工期间所失去的水分就是自由水；在冻结过程中结冰的水分也是自由水。结合水又称为胶体结合水，它是果蔬体内与蛋白质、多糖类及胶体等大分子物质相结合的水分。结合水只有在较高的温度（105℃）和较低的冷冻温度下方可分离。

因为果蔬中水分含量较高，所以在采后的一系列操作过程中要密切注意水分变化，除保持一定湿度外，还要采取控制微生物生长繁殖的措施。并且由于果蔬中水分含量较高，结晶后容易破坏细胞壁，所以大多数果蔬不适合采用冻藏。

14.1.2　碳水化合物

碳水化合物是果蔬干物质中的主要成分。所谓干物质，是指果蔬中除水以外的其他物质。碳水化合物在新鲜果蔬中的含量仅次于水分，主要包括糖类、淀粉、纤维素和果胶等。

14.1.2.1　糖类

糖是果蔬甜味的主要来源。果蔬中的糖类以蔗糖、葡萄糖和果糖含量高。一般情况下，水果中的总糖含量为10%左右，其中仁果类和浆果类中还原糖的含量较高，核果类中蔗糖含量较高，坚果类中糖的含量较少。蔬菜中除了甜菜以外，糖的含量较少。

果实甜味的浓淡与含糖的总量有关，也与含糖的种类有关，同时还受有机酸、单宁等物质的影响。在确定果实风味时，常用糖酸比来表示甜度，糖酸比是原料或产品中糖的含量和酸的含量的比例，即比值大的较甜，而比值小的则酸味增强。

果品储藏期间，其含糖量变化的总趋势是逐渐减少的，储藏越久，口味越淡。其变化程度及快慢同储藏条件和储藏期限有关。有些含酸量较高的果实，经长期储藏后口味变甜，其原因之一是含酸量比含糖量下降得更快，引起糖酸比增大，实际含糖量并未增高。

14.1.2.2　淀粉

淀粉是一种多糖，在未成熟的果实中淀粉含量较多，其中以板栗、柿、梨、苹果、香蕉等为最多，板栗中淀粉含量为52%~70.1%，香蕉为18%~20%，苹果为1.0%~1.5%。在成熟过程中淀粉含量逐渐下降，成熟的葡萄、柑橘及核果类的桃、李、杏等果实中几乎都没有淀粉存在。

苹果在幼果时不含淀粉或含量很少，到果实发育中期含量上升，而糖分减少，之后随果实逐渐成熟而淀粉水解，含糖量增加，果实经储藏后淀粉转化为糖，甜味增加。这种现象在晚熟苹果中更为显著，若采收时淀粉含量为1.0%~1.5%，储藏1~2个月后淀粉几乎完全消失。所以，苹果等部分水果在储藏时含糖量一般下降不明显，因淀粉转化甚至略有增加。

14.1.2.3　果胶物质

果胶是植物组织中普遍存在的多糖类物质，是构成细胞壁的主要成分，也是影响果实质地软硬和发绵的重要因素。

果蔬中的果胶物质以原果胶、果胶和果胶酸三种形式存在。在未成熟的果实中，果胶物质大部分是以原果胶的形式存在。原果胶不溶于水，与纤维素结合成为细胞壁的主要成分，并通过纤维素把细胞与细胞及细胞与皮层紧密地结合在一起，此时果实显得既硬又脆。随着果实的成熟，原果胶在原果胶酶的作用下，逐渐分解成能溶于水的果胶，并与纤维素分离，存在于细胞液中。此时的细胞液黏度增大，细胞间的结合变得松软，果实随之变软且皮层也容易剥离。随着果实的进一步成熟，果胶在果胶酶的作用下水解为果胶酸，此时细胞液失去黏性，果蔬质地呈软烂状态，果蔬失去储藏、加工或食用价值。可见，果实硬度的变化与果胶的变化密切相关，计算测定苹果、梨等果实的硬度，可判断果实的成熟度，也可以作为水果储藏性能的指标。

14.1.3　有机酸

有机酸是果蔬中的主要呈酸性物质，果蔬中含有多种有机酸，主要是柠檬酸、苹果酸和酒石酸，它们通称为果酸；除此之外，果蔬中还含有少量的草酸、苯甲酸和水杨酸等。

酸味是影响果实风味、品质的重要因素。果实在储藏期间，其酸的含量逐渐减少，变化的快慢因储藏条件而异。一般生长正常的果实，酸的消耗比较慢，经过长期储藏后酸甜口味适度。

14.1.4 含氮物质

果蔬中含氮物质的种类主要有蛋白质、氨基酸、酰胺、铵盐、亚硝酸盐及硝酸盐等。果蔬中除了坚果外，含氮物质一般都比较少，为 0.2%~1.5%。

果蔬中的含氮物质可与各种醇生成相应的酯类，具有一定的香气，这是许多果品中芳香物质的来源之一。蛋白质还能与糖作用，生成暗黑色物质，称为黑蛋白，这就是果肉组织变黑的原因。在水果库通风换气不良、管理技术不当，果蔬由于呼吸作用产生热量积累后，会加快这种反应过程，引起本身蛋白质的凝固和变性，使肉质发黑，造成果蔬的储藏品性下降。

14.1.5 单宁物质

单宁是几种多酚类化合物的总称，也称为鞣质。单宁易溶于水，有涩味，存在于大多数种类的树体和果实中。果实中单宁的含量很低时，果实有清凉的味道；当含量高时则有强烈的涩味。

单宁的含量与果实的种类及成熟度有密切关系，见表 14-1。未成熟的果实，单宁含量远远高于成熟的果实，但涩味较强。某些果蔬（如番茄）在储藏中经过后成熟过程，单宁含量减少，苦涩味也有所下降，称为脱涩。而且，有些果蔬切开后果肉变色也快，这是单宁氧化的结果。可见，单宁与食品的色泽变化也有密切的关系。

果实受伤或染病后，在受伤和染病部分可积累大量的单宁，单宁易氧化为醌，即生成黑色物质。例如，苹果、梨等除皮或有碰伤后，暴露在空气中就会变成褐色，这种现象就是单宁氧化的结果。因此，在进行果蔬冷加工和储藏时应注意加包装、轻拿轻放，防止因发生机械损伤而引起色泽变化。

表 14-1 主要果品单宁的含量

品种　　　含量　　　单宁	最小量（%）	最大量（%）	平均量（%）
苹果（栽培）	0.025	0.270	0.100
苹果（野生）	0.230	0.340	0.250
梨	0.015	0.170	0.032
李	0.065	0.200	0.127
桃	0.063	0.220	0.100
杏	0.063	0.100	0.074
樱桃	0.053	0.151	0.090
草莓	0.120	0.400	0.200
柿子	0.5	2.0	1.25
柠檬	—	—	0.321

14.1.6 酶

酶是有机体生命活动中不可缺少的因素，它决定着有机体新陈代谢进行的强度和方向，果蔬在成熟过程中的化学、物理和代谢方面的变化都牵连着一系列酶的作用。

果蔬遇到机械伤害、病菌侵染及低温的刺激作用，都能引起酶所吸附的胶体发生变化，使酶的水解作用加强，从而加速其后熟作用，降低储藏能力。

合理地控制这些酶的活动规律，是果蔬储藏中进行各种处理的理论基础，如采取低温储藏来抑制酶的活性，从而保持果蔬的品质就是一种行之有效的储藏方法。

14.1.7　色素物质

果蔬中含有多种色素，故能显示出各种鲜艳的色彩。果蔬中的色素主要有叶绿素、类胡萝卜素、花青素、花黄素等。

叶绿素是脂溶性色素，它是果蔬绿色的来源。随着水果果实的成熟，叶绿素在酶的作用下生成叶绿醇和叶绿酸盐等溶于水的物质，于是果实的绿色逐渐消退而出现黄色或橙色等其他色素，因而由绿色转为黄色的这个颜色变化常被用来作为成熟度和储藏质量的变化标志。绿叶蔬菜在储藏中，由于叶绿素的分解，促进了类胡萝卜素、花青素等色素的形成，使蔬菜在外观色泽上逐渐发生变化，为人们鉴定商品品质，以及采取管理措施提供一定的依据。

类胡萝卜素是胡萝卜素、叶黄素、隐黄素和番茄红素等的总称，凡是能够显示出红色、橙红色、橙黄色、黄色、黄绿色的果蔬中都含有这类色素。这类色素的形成与果蔬的生长发育阶段有关，到成熟阶段这类色素的含量显著增长，随之叶绿素含量则有所减少。同时，温度和氧气对这类色素的形成也有直接影响。

花青素存在于果皮、果肉中，表现为红紫色，属于水溶性色素。据研究，果实内产生的乙烯有促进花青素形成的作用。因此，在果实采收前喷洒乙烯有明显的增色作用。

在对果蔬进行储藏和冷加工时，应注意考虑果蔬中这些色素的特点，采取措施以使果蔬保持鲜艳的色彩。

14.1.8　糖苷类物质

糖苷类物质是糖与其他物质如醇类、醛类、酚类等配糖体脱水缩合的产物，它使果蔬具有特殊的芳香气味。果蔬中的糖苷类物质很多，主要有苦杏仁苷、橙皮苷和茄碱苷等。

苦杏仁苷存在于多种果实的种子中，核果类果实的核仁中苦杏仁苷的含量较多。苦杏仁苷水解为葡萄糖、氢氰酸和苯甲醛，桃、杏等特有的芳香就是由苯甲醛的气味表现出来的。

橙皮苷又称为橘皮苷，是柑橘类果实中普遍存在的一种苷类，在皮和络中含量较多，其次在囊衣中含量较多。橙皮苷是维生素 P 的重要组成部分，具有软化血管的作用。它是柑橘类果实苦味的主要来源。

茄碱苷又称为龙葵苷，是一种剧毒且有苦味的生物碱，含量在 0.02% 时即可引起中毒。茄碱苷主要存在于马铃薯的块茎中，在番茄和茄子中也有，主要集中在薯皮和萌发的芽眼附近，受光发绿的部分特别多。因此，马铃薯在储藏中应注意管理，避免因管理不当而引起发绿或萌芽。

14.1.9　维生素

水果和蔬菜中含有多种维生素，除维生素 B_{12} 外几乎都有，是人体维生素的主要来源之一。其中最重要的是维生素 C 和维生素 A。

维生素 C 是一种水溶性维生素，人类饮食中 90% 的维生素 C 是从果蔬中得到的。在储藏过程中，果蔬的维生素 C 会有不同程度的损失。一般在低温中储藏的果蔬损失较少，这与相关酶的活性直接有关，低温会使酶的活性降低，从而减缓维生素 C 的分解。因此，要掌握好果蔬的储藏条件，达到抑制酶的活性，从而减少维生素 C 的损失。

植物体本身不含维生素 A，只含胡萝卜素。胡萝卜素又称维生素 A 原，被人体吸收后，可以在肝脏中水解而产生维生素 A。果蔬在储藏中，胡萝卜素损失不显著，只有在过分失水或干燥的情况下，损失量才显著增加。

14.1.10 矿物质

果蔬中含有多种矿物质，如钙、磷、铁、钾、钠、镁等。在植物体中，这些矿物质大部分与酸结合成盐类（如硫酸盐、磷酸盐、有机酸盐等），小部分与大分子结合在一起，参与有机体的构成，如蛋白质中的硫、磷，叶绿素中的镁等。果蔬在储藏中，矿物质含量的变化不大。

14.1.11 芳香物质

果蔬的香味是由其本身所含有的芳香成分决定的。芳香成分的含量随果蔬成熟度的增大而提高，只有当果蔬完全成熟的时候，其香气才能很好地表现出来。但即使在完全成熟的时候，芳香成分的含量也是极微的，一般只有万分之几或十万分之几，故芳香成分又称精油。

芳香成分均为低沸点、易挥发的物质，因此果蔬储藏过久，会造成芳香成分的含量因挥发性和酶的分解而降低，使果蔬风味变差。

14.2 果蔬的分类

14.2.1 果品的分类

1. 仁果类

仁果类果品的果肉中分布有薄膜状壁构成的种子室，种子室有 2~5 个，室内有不带硬壳的种仁，故称为仁果，如苹果、梨、沙果、海棠、柿子、山楂等。仁果类果品在冷库内可较长时间地保持新鲜状态。

2. 核果类

核果类果品的果肉中带有一木质硬核，核内有仁，即种子，故称为核果，如桃、李、杏、枣、樱桃等。核果类果品在冷库内的储藏时间不宜过长。

3. 浆果类

浆果类果品果形较小，果肉成熟后呈浆液状，故称浆果。一般种仁小而多，如葡萄、草莓、荔枝等。浆果类果品在冷库内很难保持其新鲜状态，但可冻结冷藏或采用气调储藏方法。

4. 柑橘类

柑橘类果品生长在热带和亚热带，果实呈扁圆形或圆形，果皮为黄色、鲜橙色，易剥离，种子小，如柑、橘、甜橙、香蕉、柚、柠檬等。柑橘类果品在冷库内能够储藏，但温度要适当，如香蕉等一部分水果在温度过低的情况下会发生冷害。

5. 复果类

复果类果品的果实是由整个花序组成，果肉柔嫩多汁，味酸甜适口。属于此类的果实有热带的菠萝、波罗蜜和面包果等。复果类果品在冷库内不宜储藏时间过长。

6. 坚果类

坚果类果品的水分很少，通常称为干果。果皮为一硬壳，壳内可食部分就是种子，如核桃、栗子、榛子等。坚果类在常温下就能长期储藏。

14.2.2 蔬菜的分类

（1）叶菜类 叶菜类的可食部分是菜叶和肥嫩的叶柄，含有大量的叶绿素、维生素C和无机盐等，如大白菜、洋白菜、小白菜、菠菜、油菜、大葱、芹菜、韭菜等。这类蔬菜含水量大，不易保管，在冷库内较难储藏。

（2）茎菜类 茎菜类的可食部分是肥嫩且富有营养的茎和变态茎，如土豆、莴笋、茭白、香椿、芋头、洋葱、蒜、姜、竹笋等。这类菜大部分富含淀粉、糖分和蛋白质，含水量小，适于在冷库内长期储藏，但在储藏过程中必须注意控制温、湿度，否则会出芽。

（3）根菜类 根菜类的可食部分是变态的肥大直根，如萝卜、胡萝卜、山药等。这类蔬菜含有丰富的糖分和蛋白质，含水量小，并且因生长在地下耐寒而不抗热，在常温下耐储藏。

（4）果菜类 果菜类的可食部分是果实和幼嫩的种子，如番茄、茄子、辣椒、豆类（如四季豆、扁豆、豌豆、毛豆等），以及各类瓜果（如黄瓜、冬瓜、南瓜、丝瓜等）。果菜类富含糖分、蛋白质、胡萝卜素及维生素C。此类蔬菜在冷库内能短期储藏。

（5）花菜类 花菜类的可食部分是菜的花部器官，如菜花、黄花菜、韭菜花等。此类蔬菜在冷库内可储藏。

（6）食菌类 食菌类是以无毒真菌的子实体作为食用部分的，主要有蘑菇、木耳等。食菌类的干制品可在常温下长期储藏。

14.3 果蔬的采后生理

果蔬在采收后仍然是活的生命体，在储藏和运输过程中仍然继续进行着呼吸、蒸发等生理活动，以维持其生命。因此，研究和掌握果蔬采后生理，维持其采后生命活力的正常进行是做好保鲜工作的基础。

果蔬在采摘以前利用太阳光能将所吸收的二氧化碳和水合成有机物，并释放氧气，即进行光合作用。果蔬收获后，光合作用停止，进入采后生理。采后生理中，呼吸作用成为新陈代谢的主导过程，同时还有蒸发作用、休眠等。

14.3.1 呼吸作用及其与冷加工的关系

果蔬在采收以后最基本、最明显的生命活动是呼吸作用。呼吸作用是指生活细胞内的有机物，在酶的参与下，逐步氧化分解并释放能量的过程。

14.3.1.1 呼吸作用的类型

呼吸作用分为有氧呼吸和无氧呼吸两种。

（1）有氧呼吸 果蔬在空气流通的情况下进行有氧呼吸。有氧呼吸是指生活细胞利用分子氧，将某些有机物质彻底氧化分解，生成二氧化碳（CO_2）和水（H_2O），同时释放能量的过程。如果以葡萄糖为呼吸底物，则化学反应式可表示为

$$C_6H_{12}O_6 + 6O_2 \xrightarrow{\text{呼吸酶}} 6H_2O + 6CO_2 + 2822kJ$$

由上式可知，在有氧的条件下，1分子葡萄糖氧化时，释放出6分子二氧化碳分子和6分子水，并释放出2822KJ的能量，这些能量一部分为细胞所利用进行生理活动，而大部分以热量的形式释放到体外，使果蔬周围温度升高。

所以，储运果蔬时要很好地进行通风散热，降低温度，否则会加速果蔬的腐烂。

（2）无氧呼吸　在缺氧的条件下，或者即使有氧但缺乏氧化酶或生命力衰退所进行的呼吸称为无氧呼吸或缺氧呼吸。无氧呼吸是指生活细胞在无氧条件下，把某些有机物分解成为不彻底的氧化产物，同时释放能量的过程。其反应式为

$$C_6H_{12}O_6 \longrightarrow 2C_2H_5OH + 2CO_2 + 117kJ$$

由上式可知，1分子葡萄糖经无氧呼吸作用，产生2分子二氧化碳和2分子乙醇，这时释放的能量很少。为获得同等数量的能量，就要消耗远比有氧呼吸更多的有机物，即消耗更多的储藏养料，因而加速果蔬的衰老过程，缩短储藏时间。同时，无氧呼吸时产生的乙醇、乙醛等在果蔬中过多的积累，会对细胞组织产生毒害作用，产生生理机能障碍，使产品品质恶化，影响储藏保鲜寿命。

因此，在储藏保鲜过程中，应尽量防止无氧呼吸的发生。

14.3.1.2　评价呼吸作用的主要指标

在果蔬的储运过程中，控制果蔬的呼吸作用是做好保鲜工作的关键所在。为了掌握呼吸作用的强弱和性质，就必须了解以下几个评价呼吸作用的主要指标。

（1）呼吸强度（*RI*）　呼吸强度是衡量果蔬呼吸强弱的重要指标。果蔬的呼吸强度表示每千克的果蔬组织在每小时内所吸收氧的毫升数和放出二氧化碳的毫升数。

果蔬的呼吸越旺盛，消耗的养料越多，放出的二氧化碳和热量也越多。这样就会加速果蔬衰老过程，缩短储藏期限；呼吸强度过低，正常的新陈代谢受到破坏，也会缩短储藏期限。因此，在果蔬储藏期间，呼吸强度的大小直接影响其储藏期限的长短，控制果蔬正常呼吸的最低呼吸强度是果蔬储藏的关键问题。

（2）呼吸系数（*RQ*）　呼吸系数又称为呼吸熵，是果蔬呼吸特性的指标。果蔬的呼吸系数是指果蔬呼吸过程中释放出的二氧化碳与吸收消耗的氧气的体积比，即

$$RQ = \frac{V_{CO_2}}{V_{O_2}}$$

果蔬在呼吸作用时所消耗的物质不同，其呼吸系数也不同。从呼吸系数可以推测被利用和消耗的呼吸基质。

以糖为呼吸底物，完全氧化的方程式为

$$C_6H_{12}O_6 + 6O_2 \longrightarrow 6CO_2 + 6H_2O$$

$$RQ = \frac{V_{CO_2}}{V_{O_2}} = \frac{6}{6} = 1$$

以有机酸（草酸）为呼吸底物，完全氧化的方程式为

$$2C_2H_2O_4 + O_2 \longrightarrow 4CO_2 + 2H_2O$$

$$RQ = \frac{V_{CO_2}}{V_{O_2}} = \frac{4}{1} = 4 > 1$$

以脂肪、蛋白质为呼吸底物，由于它们分子中的碳和氢比较多，氧较少，呼吸时消耗氧多，所以 *RQ* < 1，通常为 0.2~0.7。例如，硬脂酸被完全氧化的方程式为

$$C_{18}H_{36}O_2 + 26O_2 \longrightarrow 18CO_2 + 18H_2O$$

$$RQ = \frac{V_{CO_2}}{V_{O_2}} = \frac{18}{26} = 0.69 < 1$$

由于无氧呼吸只释放二氧化碳而不吸收氧气，故呼吸系数增大。无氧呼吸所占比例越大，*RQ* 值也越大。因此，测定呼吸系数，可以判断果蔬呼吸的性质，确定是否已经发生了无氧呼吸。

（3）呼吸热　果蔬的呼吸作用所产生的热量有两部分用途：一部分供果蔬维持生命活动；另一部分以热能形式散发到周围环境中去，这部分热量称为果蔬的"呼吸热"。

有氧呼吸过程中所放出的大量呼吸热，使果蔬周围的温度升高，微生物容易繁殖。另外，在高温的刺激作用下，果蔬的呼吸作用进一步加强，这样就会缩短果蔬的储藏寿命，加速果蔬的衰老，所以水果、蔬菜中的呼吸热必须迅速排除。

有关果蔬的呼吸热见表 14-2。

表 14-2　水果与蔬菜的呼吸热

食品名称	不同温度下的呼吸热/(W/t)					
	0℃	2℃	5℃	10℃	15℃	20℃
杏	17	27	50	102	155	199
香蕉（青）	—	—	52	98	131	155
香蕉（熟）	—	—	58	116	164	242
成熟柠檬	9	13	20	33	47	58
甜樱桃	21	31	47	97	165	219
橙	10	13	19	35	50	69
梨（早熟）	20	28	47	63	160	278
梨（晚熟）	10	22	41	56	126	219
苹果（早熟）	19	21	31	60	92	121
苹果（晚熟）	10	14	21	31	58	73
李	21	35	65	126	184	233
葡萄	9	17	24	36	49	78
香瓜	20	23	28	43	76	102
桃	19	22	41	92	131	181
抱子甘蓝	67	78	135	228	295	520
菜花	63	17	88	138	259	402
洋白菜	33	36	51	78	121	194
结球甘蓝（冬天）	19	24	24	38	58	116
土豆	20	22	24	26	36	44
胡萝卜	28	34	38	44	97	135
黄瓜	20	24	34	60	121	174
甜菜	20	28	34	60	116	213
番茄	17	20	28	41	87	102
蒜	22	31	47	71	128	152
葱	20	21	26	34	31	58

14.3.1.3 呼吸跃变

果蔬在采后的代谢过程中，呼吸作用的强弱不是始终如一的。一般果蔬的成熟度由幼嫩到老熟，呼吸强度由强逐渐减弱，如图 14-1 所示（非跃变型）；但有些果蔬，如苹果、梨、番茄等，由未成熟阶段进入成熟阶段时，呼吸强度由强到弱逐渐下降，到开始成熟时，又显著升高，储存一段时间后，到达食用成熟度时，呼吸强度达到最大值，此后逐渐减弱。这在图上表示就是一个高峰，称为呼吸高峰，此时果实的风味品质最好。过了呼吸高峰后，果实由成熟走向衰老，风味品质逐渐下降。整个过程如图 14-1 所示（跃变型），这一现象称为呼吸跃变，这类果实称为跃变型果实。可见，储运跃变型果实时，一定要在其呼吸跃变出现以前进行采收。

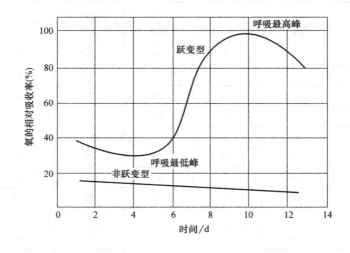

图 14-1　果蔬的呼吸曲线

为了做好果蔬的保鲜工作，果蔬采收期要根据其跃变类型而定。一般跃变型果蔬在呼吸高峰前的适当时期进行采收；而对于非跃变型果蔬，则可在成熟后采收。对于产在热带、亚热带的跃变型果实，更应掌握好采收期和控制好储运保鲜条件，以推迟呼吸高峰的提前到来。

14.3.1.4 影响呼吸作用的因素

影响果蔬呼吸作用强弱的因素很多，除了与果蔬的种类、品种、成熟度、部位等有关之外，还与外界条件的环境温度、气体成分、湿度及机械损失等因素有密切关系。

（1）果蔬的种类、品种、部位　不同种类和品种的果蔬的呼吸作用差异很大，这是由遗传性决定的。一般来说，南方水果的呼吸强度比北方的大，夏季成熟的比秋季成熟的大。就种类而言，呼吸强度最大的为叶菜类；中等呼吸强度的有番茄、浆果类（除葡萄）；呼吸强度最小的是洋葱、葡萄及耐藏的和后熟期较长的根茎类和水果中的某些仁果类（如苹果、梨等）。表 14-3 是几种果蔬在 0~2℃ 时的呼吸强度。一般果蔬的成熟度由幼嫩到老熟，呼吸强度由强逐渐减弱。再有果蔬的部位，果皮的呼吸强度大于果肉，因为果皮中的氧化酶比果肉中的氧化酶的活性强。

表 14-3　几种果蔬在 0~2℃时的呼吸强度　[单位：mLCO$_2$/（kg·h）]

种类	呼吸强度	种类	呼吸强度
石刁柏	44	甘蓝	5
甜玉米	30	马铃薯	1.7~8.4
豌豆	14.7	胡萝卜	5.4
菠菜	221	洋葱	2.4~4.8
生菜	11	葡萄	1.5~5.0
菜豆	20	苹果	1.5~14.0
番茄	18.8	甜橙	2.0~3.0
甜瓜	5	柿子	7.5~8.5

（2）温度　温度是影响果蔬呼吸作用最主要的外界环境因素。在一定的范围内，当温度升高时，呼吸强度增大，物质消耗加快，产生的呼吸热增多，如果热量得不到及时排除，则将进一步使环境温度升高，反过来又刺激其呼吸，造成恶性循环，使果蔬无法储藏。但当温度高到 35~40℃时，呼吸作用变缓，如果温度继续升高，由于酶被破坏而使呼吸作用完全停止，果蔬就完全腐烂变质了。反之，当温度降为 0℃进行冷加工时，果蔬的呼吸强度可大大减弱，储藏期也随之延长。可见，冷加工是降呼吸强度的一个有效的方法。当然也有些果蔬例外，如马铃薯在 3~5℃、柑橘在 5~10℃、香蕉在 12~13℃时，呼吸强度最低。

（3）相对湿度　一般来说，当外界环境的湿度加大时，由于果蔬细胞原生质的含水量增加，促使原生质的生命活动充分进行，呼吸强度也增大。例如，柑橘、嫩茄子、黄瓜等就属于这种情况。但也有例外，如红薯，在湿度大时，其呼吸强度会减弱。总之，要根据果蔬的不同种类来判断，一般干燥时，果蔬的呼吸作用会受到抑制。

（4）空气成分　空气成分是影响呼吸强度的另一个重要环境因素。空气中氧气的含量高，有氧气呼吸强度大；但氧气的体积分数过低（<2%）时果蔬会发生无氧呼吸，易引起生理病害。提高二氧化碳的体积分数也可降低呼吸强度，但二氧化碳的体积分数过高也会引起果蔬生理病害。因此，要维持果蔬的正常生命活动，就要使储藏环境中氧气和二氧化碳的含量保持一定的比例。乙烯是果蔬成熟过程中的一种自然代谢物，同时乙烯体积分数高时，将增强果蔬的呼吸作用，加速其成熟和衰老过程，不利于储藏保鲜。所以，气调储藏是果蔬较好的一种保藏方法。

（5）组织伤害及微生物　当果蔬受到机械损伤及其他伤害后，即使进行冷加工，其呼吸作用仍会加强；同时也容易被微生物侵害，不利于储藏保鲜。

14.3.2　蒸发作用

植物体及其各种器官，在整个生命期间总是不断地进行蒸发作用的。果蔬在采收前，蒸发作用所丧失的水分可由根系从土壤中得到补偿。采收后的蒸发脱水通常不能得到补偿，使细胞的膨压降低，致使果蔬发生萎缩现象，光泽消退，失去了新鲜感。这就是蒸发脱水的结果。

果蔬在储藏期间的蒸发脱水现象会给果蔬带来一系列的不良影响。

14.3.2.1　失重和失鲜

果蔬在储藏中由于水分蒸发所引起的最明显的现象是失重和失鲜。失重即自然损耗，包括水分和干物质两方面的损失，不同的果蔬的具体表现有所不同。失鲜表现为形态、结构、色泽、质地、风味等多方面的变化，其食用品质和商品品质均降低。

14.3.2.2 破坏正常的代谢过程

蒸发脱水严重时，不仅会导致植物细胞液的质量分数增高，有些如氢离子、铵离子的体积分数过高，引起细胞中毒，导致代谢失调；增强水解酶的活性，加速营养物质的分解。组织中水解过程加强，积累呼吸基质，又会进一步刺激呼吸作用。严重脱水甚至会破坏原生质的胶体结构，扰乱正常的代谢，改变呼吸途径，也会产生并积累某些分解物质（如 NH_3 等），使细胞中毒。

14.3.2.3 降低耐储性和抗病性

蒸发脱水使果蔬组织结构和生理代谢发生异常，体内有害物质增多，造成了耐储性和抗病性下降，腐烂率增高。

水分蒸发的速率与果蔬的种类、品种、成熟度、表面细胞角质的厚薄、细胞间隙的大小、原生质的特性、表面积的大小有着密切的关系。此外，湿度、空气流速、包装情况等外界环境条件也影响水分的蒸发。

可见，避免果蔬蒸发脱水是果蔬储藏过程中一项极为重要的措施。

14.3.3 乙烯释放

果蔬在采收以后，除呼吸作用外，还有一个产生乙烯的代谢活动。而乙烯反过来又对植物的生长发育、成熟衰老的各个阶段都能产生明显的生理效应。例如，乙烯在极低体积分数时就能促进采后果蔬的呼吸作用增强，加速成熟与衰老，因此乙烯又是一种促进果实成熟的催化剂。除促进果实成熟外，乙烯还会加速果蔬软化、失绿变黄、风味劣变、品质下降等。

采后的储藏环境对乙烯的释放量有很大的影响。大多数果蔬中，$20 \sim 25 \text{℃}$ 左右时乙烯合成速度最快，因此，低温储藏是控制乙烯产生的有效手段。另外，储藏环境的气体成分也会影响乙烯的生物合成。低氧气量会抑制乙烯的生物合成，适宜的高体积分数的二氧化碳对乙烯的合成具有拮抗作用，这也是气调储藏理论的依据之一。

14.3.4 休眠

休眠是植物在完成营养生长或生殖生长以后，为度过严寒、酷暑、干旱等不良时期，在长期的系统发育中形成的一种生命活动几乎停止的特性。具有休眠特性的果蔬在采收后就渐渐进入休眠状态。不同种类的果蔬的休眠期是不同的，大蒜的休眠期为 $60 \sim 80 \text{d}$，板栗为 1 个月，洋葱为 $1.5 \sim 2.5$ 个月，马铃薯为 $2 \sim 4$ 个月。并且，同种果蔬的休眠期也存在着差异。

果蔬的采后休眠对于果蔬的采后保鲜工作是有好处的，这一时期的果蔬体内积累了大量的营养物质，代谢水平降低，生长停止，水分蒸发减少，呼吸作用减缓，一切生命活动处于相对静止的状态，对不良环境的抵抗能力增加。因此，可以在果蔬储藏时适当加以调节，为其创造合适的条件，以延长果蔬的休眠期，减少营养损耗，达到延长储藏期、保持果蔬品质的目的。例如，在储藏果蔬时，可通过低温、低湿、低氧气含量和适当的二氧化碳含量等来延长休眠。

14.3.5 果蔬采收后的成熟变化及调控

一些果菜类和水果，由于受气候条件的限制，或者为了便于运输和调剂市场的需要，必须在果实还没有充分成熟时采收，再经过后熟，才能供食用和加工。

所谓后熟，通常是指果实离开植株后的成熟现象，是由采收成熟度向食用成熟度过渡的过程。果实的后熟作用是在各种酶的参与下进行的极其复杂的生理生化过程。在这个过程中，酶的活动方向趋向水解，各种成分都在变化：如淀粉分解为糖，果实变甜；可溶性单宁凝固，果实涩味消失；原果胶水解为果胶，果实变软；同时果实色泽加深，香味增加。同时，果实通过呼吸作用产生的乙醇、乙醛、乙烯等产物，促进了后熟过程。

利用人工方法可延缓果实的后熟过程，也可加速果实的后熟过程。加速后熟要有适宜的温度、一定的氧气含量及促进酶活动的物质。乙烯是很好的后熟催化剂，它能提高果实组织原生质对氧气的渗透性，促进果实的呼吸作用和有氧气参与的其他生化过程；同时，乙烯能够改变果实中酶的活动方向，使水解酶类从吸附状态转变为游离状态，从而增强了果实成熟过程的水解作用。

过度的后熟即进入衰老，衰老是指果实已走向它个体生长发育的最后阶段，开始发生一系列不可逆的变化，最终导致细胞崩溃及整个器官死亡的过程。果实进入成熟时既有生物合成性质的化学变化，也有生物降解性质的化学变化，但进入衰老期发生更多的是降解性质的变化。

思考与练习题

1. 果蔬的营养成分包括哪些？
2. 果蔬中的水分对果蔬的储藏有何要求？
3. 果蔬中的酶对于果蔬冷加工有何要求？
4. 水果分为哪几类？
5. 蔬菜分为哪几类？
6. 果蔬呼吸作用的存在对于果蔬的冷加工有何要求？
7. 评价呼吸作用有哪些指标？
8. 蒸发作用对果蔬产生哪些不利影响？

单元十五　果蔬的采收和入库前的准备工作

学习目标

终极目标：能够进行果蔬入库前的准备工作。

促成目标：

1）掌握果蔬的采收原则、不同果蔬的适合采收时期。
2）掌握果蔬的分级方法。
3）了解果蔬的涂层工艺。
4）了解果蔬的愈伤工艺。
5）掌握果蔬的包装操作。

相关知识

我国地域辽阔，果蔬生产存在地区性不平衡，运输量大、运输时间长。新鲜果蔬含有大量的水分，夏季和秋季高温季节采收的果蔬带有大量的田间热，呼吸作用很强，采摘后的果蔬于常温下储藏、运输容易失水腐烂，甚至失去食用价值。正确的采收和操作及预冷是提高果蔬的保鲜质量、延长货架寿命的重要措施。随着低温冷链的不断完善，预冷技术的发展也越来越受到人们的重视。

15.1 果蔬的采收

果蔬的采收工作做得如何，直接影响到果蔬的品质和运输、储藏等环节。

为了保证冷加工产品的质量，果蔬要达到最适宜成熟度方可采摘。果实的成熟过程大体可以分为绿熟、坚熟、软熟和过熟四个时期。绿熟期果实充分生长，但尚未显出色彩，仍有绿色，这时的果肉硬，缺乏香气和风味，但适于储藏和长途运输。坚熟期的果实已充分长成，适当地表现出应有的色彩、香气和风味，肉质紧密而不软，适于储藏、短途运输和加工。果实到软熟期，色、香、味已充分表现，肉质变软，适于食用和加工，但已不宜储藏和运输。过熟的果实，组织细胞解体，失去食用和加工、储藏的价值。

为了保证冷加工产品的质量，果蔬要达到最适宜的成熟度方可采收。采收的原则是适时、无损、保质、保量、减少损耗。蔬菜一般以幼嫩为好，果菜类宜在坚熟期和软熟期采集，土豆和洋葱则宜在充分长成后再采收。

15.2 果蔬入库前的分级

果蔬在生长过程中由于受到病、虫的侵害，产生病果和虫果；采收不当也会造成机械损伤。此外，它们在大小、成熟度、色泽上也不一致。所以，果蔬在采收后应进行挑选分级，剔除不合格的、畸形的及坏、烂、伤、残的果蔬，使产品均一，以便包装、运输和储藏，使之达到商品标准化。果蔬的分级方法有两种：

（1）品质分级　凡有良好的一致性，无病害、虫害和机械损伤，品种特性正常，成熟度适宜，品质优良的为一级品。凡在这几方面有缺陷的，则按其程度依次降低等级。

（2）大小分级　例如，苹果、梨、桃、柑橘等体积较大的水果一般可按大小分为三级或四级，小而柔软的水果如樱桃、草莓、葡萄等只分为两级。其中，葡萄分级以果糖为单位，同时考虑果穗和果料的大小。大小分级可以借助分级板和量果器进行，也可使用分级机。

15.3 果蔬的特殊处理

15.3.1 果蔬的涂层

涂层是指用涂料处理果蔬，在果蔬表面形成一层薄膜，抑制了果实的气体交换，减弱了呼吸强度，从而减少了营养物质的损耗和水分的蒸发损失，保持了果品饱满新鲜的外观和较高的硬度。由于有一层薄膜保护，也可以减少病原菌的侵染而避免腐烂损失。如果在涂料里混入防腐剂和激素，防腐保鲜效果会更加显著。涂层处理还能增加果品表面的光亮度，改善其外观，提高商品的价值。

但是必须注意涂料的厚薄要均匀且适当。假如果品表面涂料过厚，会导致果品呼吸作用不正常，趋向于无氧呼吸，引起果品的生理失调，因而使果品的品质、风味迅速变劣，产生异味，并且会快速衰老解体甚至腐烂。因此，国外只对短期储藏的果品进行涂料处理，更多的是在储藏之后至上市之前处理。

就是在一定时期内，涂层处理也只不过起一种辅助作用，不能忽视果品的成熟度、机械损伤，以及储藏环境中的温度、湿度和气体成分等对于延长储藏寿命和保持品质起着决定性的作用。

可进行涂层处理的果蔬有梨、苹果、柑橘、香蕉、杏、油桃、柠檬、油梨、胡萝卜、甘薯、黄瓜、甘蓝、南瓜、土豆、番茄、辣椒和茄子等。

涂层方法分为浸涂法、刷涂法和喷涂法三种。浸涂法是将涂料配制成适当浓度的溶液，将果品整体浸入，使之沾上一层薄薄的涂料后，取出果蔬放到一个垫有塑料的倾斜槽内徐徐滚下，装入箱内晾干即可。刷涂法是用细软毛刷蘸上配制成的涂料液，然后将果品在刷子之间辗转擦刷，使果品表皮涂上一层薄薄的涂料膜，擦刷大多在一个机械上完成。喷涂法的全部工序都在一台机械上完成。喷蜡的方式主要是通过固定的或活动的单个喷头喷蜡，或者机器吹泡，使果实经过喷雾或液泡沾上蜡层，在滚筒毛刷的作用下使果实表皮上的蜡液均匀，再通过烘干即成。目前，世界上新型的喷蜡机大多由洗果、擦洗干燥、喷蜡、低温干燥、分级和包装等部分联合组成。

15.3.2　果蔬的愈伤

根茎类蔬菜在采收过程中很难避免各种机械损伤，即使有微小的、不易发觉的伤口，也会招致微生物的侵入而引起腐烂。马铃薯、洋葱、蒜、芋、山药等采收后在储藏前进行愈伤处理是十分重要的，如将采收后的马铃薯块茎保持在18.5℃以上2d，而后在7.5~10℃和相对湿度为90%~95%的环境中保持15~20d。适当的愈伤处理可使马铃薯的储藏期延长50%，也可减少腐烂。

此外，用化学或植物激素处理也可促进或延迟果蔬的成熟和衰老，以适应加工的需要。

15.4　果蔬的包装

果蔬包装是标准化、商品化、保证安全运输和储藏的第一个措施。合理的包装可以减少运输中相互摩擦、碰撞、挤压而造成机械损失；减少病害蔓延和水分蒸发；避免蔬菜散堆发热而引起腐烂变质。此外，包装也是一种贸易辅助手段，可为市场交易提供标准规格单位。包装的标准化有利于仓储工作的机械化操作，减轻劳动强度。设计合理的包装还有利于充分利用仓储空间。

良好的包装材料与容器有保护果蔬的作用。用于果蔬销售的主要包装材料有塑料薄膜、纸浆或纸板的成型品，泡沫塑料制成的有缓冲作用的浅盘也常用于外形较一致的果蔬包装，再覆盖收缩薄膜或将托盘和食品一起装入塑料袋或纸盒套内即可。木箱、纸浆模塑品、塑料筐、瓦楞纸箱用于大多数水果及蔬菜的运输或储藏包装。牛皮纸袋、多层纸袋、开窗纸袋、纤维网袋、塑料网袋、带孔眼的纸袋和塑料袋（箱）多用于马铃薯、洋葱等根茎类蔬菜的储运及销售包装。

包装果品时，一般应在包装里衬垫缓冲材料，或者逐果包装以减少果与果、果与容器之间的摩擦而引起的损伤。包裹材料应坚韧、细软、不易破裂。用防腐剂处理过的包裹纸还有防治病害的效果。

质地脆嫩的蔬菜容易被挤伤，所以不宜选择容量过大的容器，如番茄、黄瓜等采用比较坚固的箩筐或箱包装，容量不超过30kg。比较耐压的蔬菜，如马铃薯、萝卜等可以用麻袋、草袋或蒲包包装，容量可为20~50kg。

思考与练习题

1. 果蔬的采收原则是什么？
2. 果蔬常见的分级方法有哪两种？
3. 什么是果蔬的涂层？
4. 果蔬的合理包装有什么好处？

单元十六 果蔬的预冷

学习目标

终极目标：了解果蔬常用的预冷方法，并能掌握差压通风预冷的工作过程。

促成目标：

1）掌握果蔬预冷的概念及作用。
2）掌握常用的预冷方法。
3）了解各种预冷的用途。
4）掌握差压通风预冷的原理及设备。

相关知识

前面提到，果蔬作为一种生体食品，在采摘后虽然停止了促进其生长的光合作用，但因本身仍是活的机体，呼吸作用仍在进行，并成为新陈代谢的主导作用。呼吸作用消耗大量的有机物质，生成水分、放出热量，加剧了微生物的繁殖和营养成分的破坏。并且，因果蔬的成熟和采摘多在炎热的夏秋两季进行，采摘后的果蔬储存有大量的田间热，果蔬的温度较高，呼吸作用旺盛；在产品成分不断变化的同时，释放的呼吸热又使得果蔬品温持续升高，较高的温度又促进呼吸作用，导致果蔬的快速衰老和死亡，降低了经济价值。因此，在果蔬采摘后，采用人工方法迅速去除田间热和呼吸热，将其冷却到规定温度是保持果蔬新鲜的关键步骤，而预冷则是实现这一步骤的重要方式。有数据表明，冷链中不经预冷的果蔬的流通损失率高达25%～30%，而预冷后的果蔬的流通损失率仅为5%～10%，还可以大大提高果蔬的储藏时间。

16.1 预冷的概念

预冷的概念最早是由鲍威尔（Powell）和他的助手于1904年向美国农业部提出的，预冷是利用低温的处理方法，将采摘后的果蔬品温迅速地降到工艺要求的温度。

预冷后的果蔬不仅品质较高，有利于防止储运过程中果蔬的质与量的损失；而且可以有效降低冷藏车、冷藏船、冷藏库等的冷负荷，实现冷藏储运装置的节能运行。因此，预冷已经成为现代果蔬流通体系中的重要内容，美国、日本、澳大利亚等发达国家都把预冷作为果蔬采摘后的必不可少的首道工序。

16.2 常用的预冷方法

常用的预冷方法主要有冰预冷、冷水预冷、真空预冷和通风预冷。其中的通风预冷操作简单、投资和运行费用比较少，适用于多种果蔬，是现行的较为快速、有效的预冷方法。根据流程的不同，通风预冷又分为强制通风预冷和差压通风预冷两种方式。其结构分类如图16-1所示。

预冷方式的选择要考虑果蔬的收获季节、低温适应能力、体表比、处理量和运行成本等因素。

图16-1　预冷方法的分类

16.2.1　冰预冷

冰预冷是在现代成熟的预冷技术诞生及广泛运用之前普遍采用的预冷方法，其原理是将冰放置在果蔬上以提供冷源。

冰预冷的优点是方法简单、成本低廉，只要有冰源就可大量应用。缺点是冰占据大量体积，减少货物的装载容量；冰融化后产生的水会污染果蔬，成为其腐败的直接原因。因此，冰预冷目前逐渐淡出预冷方式的主流。

16.2.2　冷水预冷

冷水预冷方式是指对蔬菜或水果采用冷水（0~3℃）喷淋或浸渍的方法进行冷却，使其快速地降低温度。冷水预冷装置多为隧道式，水果或蔬菜依靠传送带或冷却水的流速来移动。水温由制冷系统控制，或者采用加冰块的方法控制。为提高冷却水的利用率，可设置水处理装置，对冷却水进行循环利用。冷水预冷系统原理如图16-2所示。

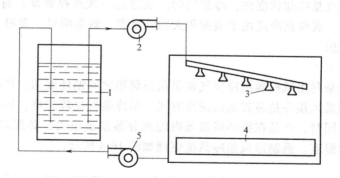

图16-2　冷水预冷系统原理图

1—冰水槽　2—冷水泵　3—喷头　4—搁物台　5—循环泵

冷水预冷的优点是设备简单，冷却速度快，干耗小，并且对于根菜类有清洗功能。缺点是产品淋湿后容易携带细菌，导致病害发生和腐烂的增加，不符合产品流通要求；设备占地面积比较大。冷水预冷比较适合于根类菜和有角质皮等较硬的果蔬。

16.2.3　真空预冷

真空预冷的基本原理是水的蒸发温度与压力成正比。水在1atm（760mmHg）下的沸点为100℃；在20mmHg的压力条件下，水的沸点为20℃；在4.6mmHg的压力条件下，水的沸点为0℃。因此，当把一定量的水放在一个低压环境的容器里，一部分水很快蒸发为水蒸气，抽出水蒸气时，环境可以总是维持低压，使得蒸发冷却维持进行。其系统原理如图16-3所示。

果蔬自身的水分含量一般都在80%~90%，当有1%的水分蒸发时，蒸发潜热可以使剩

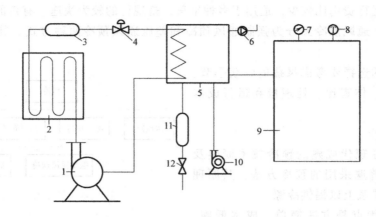

图 16-3　真空预冷系统原理图

1—压缩机　2—冷凝器　3—过滤器　4—膨胀阀　5—补水器　6—空气阀　7—压力表
8—温度表　9—真空预冷箱　10—真空泵　11—集水器　12—放水阀

余水分降低 5~6℃ 。当依靠蒸发潜热使产品温度降低 10~25℃ 时，因蒸发而损失的水分含量仅为产品总含水量的 2%~5% 。

真空冷却时，真空室的压力多维持在 613~666Pa ，为了减少干耗，果蔬在进行真空预冷前应采取一定的加湿措施。

真空预冷的优点是冷却速度快，冷却均匀。缺点是一次性投资高；自身没有保冷能力，需要配备制冷设备。真空预冷适用于表面积大的叶菜类，效果明显；而对表面积比较小的果蔬，冷却效果不理想。

16.2.4　强制通风预冷

强制通风预冷是利用风机强制冷空气在果蔬包装箱之间循环流动，产品在冷空气的作用下进行冷却。强制通风预冷是最普遍的预冷方式，预冷装置比较简单，但应保证冷风机有足够的风量和风压。同时，产品在循环风流场内的水分蒸发量很大，必要时需要给产品洒水，以保持表面一定的湿度。强制通风预冷系统原理如图 16-4 所示。

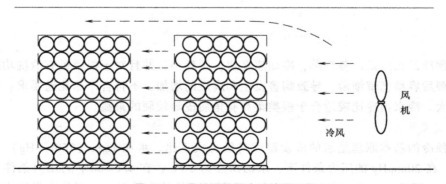

图 16-4　强制通风预冷系统原理图

强制通风预冷的优点是投资较少，操作方便。缺点是冷却时间长，容易产生不均匀现象，背风面易出现死角。强制通风预冷适用于多个品种，不同种类还可以混合冷却。

16.2.5　差压通风预冷

差压通风预冷的原理是利用包装箱两侧的压力梯度，强制冷空气从包装箱的开孔中流过，使得包装箱内的动压增加，从而加速产品表面的热交换。差压通风预冷自吉隆（Guillon）发明以来，已经在果蔬预冷中得到广泛的运用。

16.3　果蔬的差压通风预冷

16.3.1　差压通风预冷的原理

差压通风预冷技术是在冷库预冷技术的基础上发展起来的。为了弥补冷藏库预冷速度慢、冷却不均匀等方面的不足，差压通风预冷通过对包装箱进行开孔和一定的码垛方式，利用差压风机的抽吸作用，强制冷空气通过开孔进入包装箱内部以加大食品表面的冷空气流速，提高食品与冷空气之间的换热效果，实现快速降温。差压通风预冷的原理如图 16-5 所示。

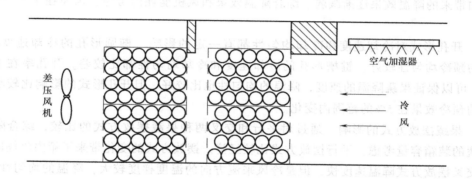

图 16-5　差压通风预冷系统原理图

差压通风预冷的优点是：比强制通风预冷速度快，冷却时间通常为冷库预冷时间的1/4；产品冷却比较均匀，无死角现象；隧道式差压通风预冷通常在差压室安装传送装置，产品的输送可以自动完成，在一定时间内可以进行大批量的产品预冷。缺点是：初投资比强制通风预冷略高，需要加设差压风机等设备，但低于真空预冷；有些产品品种略出现枯萎现象，需要加湿装置增加空气的相对湿度；产品在预冷箱中的摆放及包装箱的码垛等比较费工时。差压通风预冷几乎适合所有的果蔬类食品，包括根菜类、果菜类和叶菜类。

16.3.2　差压通风预冷的设备

差压通风预冷的关键在包装箱的两侧形成稳定的压差，即冷风通过货物要真正达到"差压渗透"。由差压通风预冷的原理可以知道，在普通冷库的基础上稍加改造，就可以用冷却效果很好的差压通风预冷替代目前最常用的强制通风预冷。可以在原有的基础上增加一个静压箱和一个差压风机，库内布置如图 16-6 所示。

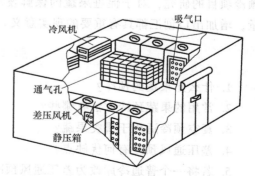

图 16-6　带有静压箱的差压通风预冷库

差压风机置于静压箱的顶部，风机为静压较大的轴流风机，静压箱的迎风面为差压孔板，带有通风孔的包装箱有规律地排列在静压箱的前面。冷风在差压风机的作用下通过包装箱侧面的通风孔，由静压箱前面的通风孔吸入静压箱，再经差压风机由静压箱的顶部排出。

将普通冷库改造成差压通风预冷库，投入小、易推广，并且差压通风预冷库较容易实行自动化管理，能应付集中处理的高负荷预冷工作。

16.3.3 差压通风预冷的影响因素

差压通风预冷的设计和实施最关键的问题是在预冷箱或箱群两侧产生稳定的压差，从而保证冷风能顺利通过箱内对产品进行预冷，以达到快速、均匀冷却的目的。其影响因素主要包括风速、开孔形式及果蔬的摆放方式等。

（1）冷风风速的影响　在差压通风预冷的影响因素中，风速的影响比较明显。随着风速从 1.0m/s 增大，降温效果的变化趋势非常明显；当风速增大到 2m/s 之后，单一参数风速的增加带来的降温效果逐渐减弱。综合降温效果和风机能耗的考虑，风速在 1.5m/s 时比较合理。

（2）开孔形式对冷却速度和冷却均匀性都有一定的影响　椭圆形孔的冷却速度较快，圆形孔的预冷均匀性较好，键槽形孔的冷却速度和冷却均匀性都比较差。开孔率在 12%～16% 时，可以保证果蔬降温的速度，降温的均匀性也比较好。但开孔形式的影响比较小，各种孔形的预冷效果在 5% 的范围内变化。

（3）果蔬摆放方式的影响　通过对平行和交叉两种果蔬摆放方式的比较，综合降温速度和果蔬的装箱容量考虑，平行摆放方式比较经济。摆放方式的变化带来了箱内流场的强烈波动。交叉摆放方式降温速度快，但是冷风来流方向的温度梯度较大，降温的均匀性较差；平行排列方式的箱内各处的流动阻力比较均匀，所以流场比较均匀，风向上的温度梯度小，降温均匀性好。

近年来，我国冷库的库容量增加很快。然而，一些地区的货源并没有随着冷库的快速增长而增加，造成冷库的空置率在不断上升。据统计，我国目前冷库的储存量还不到库容量的70%，而一般冷库的储存量只占库容量的 20%～30%，有的甚至还达不到 10%。将这些冷库稍加改造，在增加有限投入的情况下，就可建成即可用于冷藏又可进行果蔬差压通风预冷的两用冷库。目前，我国冷藏运输装置及大型超市冷藏陈列柜的发展非常迅速，积极开展果蔬预冷项目的研究，对于促进果蔬的保鲜技术发展，提高果蔬的储藏品质，提升人民生活质量，增加出口创汇都具有重要的现实意义。

思考与练习题

1. 什么是果蔬的预冷？
2. 常用的果蔬预冷方法有哪些？
3. 真空预冷适用于哪类果蔬？
4. 差压通风预冷有何优缺点？
5. 若将一个普通冷库改为差压通风预冷库，需要在普通冷库的基础上做何改造？
6. 差压通风预冷的效果主要受到哪些因素的影响？

单元十七　果蔬的冷藏

终极目标：能够保证冷藏果蔬的品质优良。

促成目标：

1) 掌握果蔬的冷藏条件。
2) 了解果蔬在冷藏过程中的变化。
3) 掌握控制果蔬发生有害变化的方法。
4) 了解一种或两种果蔬的冷藏工艺。
5) 掌握冷藏果蔬在出库前的升温程序。

相关知识

果蔬经过冷却即可送入冷藏间冷藏。

17.1　果蔬的冷藏条件

在适宜的冷藏条件下储藏，果蔬的储藏时间会更长。果蔬的冷藏条件主要是指冷藏温度、冷藏湿度及空气的更换与异味的控制等。

17.1.1　果蔬的冷藏温度

降低储藏温度，能使果蔬的呼吸作用、水分蒸发作用减弱，营养成分的消耗降低，微生物的繁殖减弱，从而延长果蔬的储藏期。但温度过低，也会使部分果蔬发生低温病害。所以，一般果蔬的冷藏温度为 $-1 \sim 1℃$。

不同的果蔬要求有不同的冷藏温度，所以要尽量做到分库冷藏。例如，南方产的柑橘和北方产的苹果的耐寒力不同，要求的冷藏温度也不同，故不能在同一库房内冷藏。柑橘的冷藏温度为 $4 \sim 7℃$，相对湿度在 90% 左右；而苹果的冷藏温度为 $-1 \sim 1℃$，相对湿度为 $90\% \sim 95\%$；又如热带产的香蕉要求有更高的冷藏温度，一般为 $12 \sim 16℃$，相对湿度在 90% 左右。

果蔬的冷却储藏应根据不同品种控制其最适宜的储藏温度，但即使是同一品种，也会由于种类、成熟度、栽培条件等有所不同。所以在进行大量储藏时，应事先针对它们的最适温度做好选择试验。在储藏期间，要求储藏温度稳定，避免剧烈变动。

17.1.2　果蔬的冷藏湿度

冷藏室内空气中的水分含量对食品材料的耐藏性有直接的影响。对于果蔬储藏，环境湿度的改变容易引起失重和其他一系列的变化，如干耗、细胞膨压降低，产生萎蔫，严重影响其鲜嫩品质，也会使水解酶的活性加强，使体内的某些成分被水解成简单物质，破坏了正常的新陈代谢活动，引起果蔬储藏期间的生理失调，进而影响果蔬的储藏品质和储藏寿命。

冷藏室内的空气既不宜过干也不宜过湿。低温的果蔬如果与高湿空气相遇，就会有水分冷凝在其表面，导致果蔬容易发霉、腐烂。空气的相对湿度过低时，果蔬中的水分会迅速蒸发，当水分蒸发达到 5% 时就会出现萎蔫和皱缩，导致正常代谢紊乱。冷藏时大多数水果适宜的相对湿度为 $85\% \sim 90\%$，绿叶蔬菜、根菜类蔬菜和脆质蔬菜适宜的相对湿度可提高到

90%~95%，坚果类冷藏的适宜相对湿度一般在 70% 以下。若果蔬采用阻隔水汽的包装时，空气的相对湿度对果蔬影响较小，控制的要求也可以相应降低。

冷库内的湿度过低时，可在风机前配合自动喷雾器，使细微小雾滴随冷风送入库房，加湿空气；也可在地面上洒些清洁的水或用湿的草席盖在包装容器上，增加库内空气的相对湿度。如果湿度过高，可用机械除湿机除湿，也可在库内墙角放些干石灰或无水氯化钙吸潮。

部分水果和蔬菜的最佳储藏条件可参见《冷库管理规范》（GB/T 30134—2013）。

17.1.3 空气的更换与异味的控制

冷藏间的空气流速不宜过大，一般采用自然循环，最适宜的风速一般为 0.1~0.5m/s。

17.1.3.1 空气的更换

果蔬在冷藏期间，由于呼吸作用将放出二氧化碳，当空气中积存过多的二氧化碳（12%~15%）时，就能促进果蔬的无氧呼吸，产生许多不完全分解的中间产物，如乙醇、乙酮和丙酮酸等，这些中间产物在果蔬中积累达到一定程度，便会引起果蔬细胞中毒，加速果蔬的衰老和死亡，致使果蔬不能长期储藏。因此，在储藏果蔬的冷库内都应装有换新鲜空气的管道，及时将冷库中过量的二氧化碳气体排出，换进适量的新鲜空气。但通风换气的次数不宜过多，时间也不宜过长，否则将加速果蔬的有氧呼吸作用，从而也会缩短其储藏时间。

一般在入库初期，每天定时通风换气两次即可，以后可根据库房空气的清新程度和有无异味或酒精味来掌握换气次数和时间。果蔬冷库的通风量也会因储藏果蔬品种的不同而异，如柑橘的通风换气量推荐值为 $1.6m^3/(h \cdot t)$，洋山芋的通风换气量推荐值为 $1m^3/(h \cdot t)$。

17.1.3.2 异味的控制

异味的控制一般采用通风、活性炭吸附和空气洗涤等常用的方法。用活性炭去除异味时，应使用专门加工的高性能活性炭。因为，活性炭最易吸附有机气体和相对分子质量高的蒸汽，它不像极性的吸附剂硅胶那样，它与水分没有特殊的亲和力。活性炭除异味时的需要量应按污染的程度和异味气体的浓度来确定，一般 1kg 活性炭可供 $6~30m^3$ 的冷藏间使用一年。去除异味还可用臭氧，但是臭氧的效果仍存在争议。另外，还可用二氧化硫、雾化次氯酸钠水溶液等除去冷藏间的地坪和设备上的异味。

17.2 果蔬在冷藏过程中的变化

果蔬在冷藏时会发生一些变化，这些变化会使果蔬的品质下降，所以在储藏时应注意控制。果蔬在冷藏时的变化主要有以下几个方面：

17.2.1 果蔬的蒸腾、萎蔫与"发汗"

新鲜的果蔬含水量很高，在冷藏期间，水分容易蒸腾，如果蒸腾过多，就会引起一系列的变化，如质量减轻，细胞的膨压降低而发生萎蔫，进而丧失鲜嫩品质；水解酶的活性加强，降低了果蔬的耐储性和抗病性，从而降低其营养价值和风味。

果蔬在冷藏时的水分蒸腾速度与其含水量没有直接关系。例如，洋葱的含水量为86.3%，马铃薯的含水量为 73%，但同样在 0℃ 冷藏三个月，洋葱的质量损失为 1.1%，而马铃薯的质量损失为 2.5%，这是由原生质胶体的亲水力程度和果蔬表皮结构能阻碍水分的蒸发导致的。果蔬的水分蒸腾速度还与外界温度、相对湿度、空气流速及果蔬的成熟度有关。外界温度超高，相对湿度越小，空气流速越大，其水分蒸腾就越强；反之，则弱。但水分的蒸腾是随着果蔬的成熟度的增加而下降的。

为了保持果蔬的鲜嫩品质，应保证冷藏库内的高湿度条件，以降低其水分的蒸腾，必要时还应采取人工加湿措施。

"发汗"是冷藏过程中与萎蔫相反的现象。这是空气湿度超过饱和点时，在果蔬表面所出现的"结露"现象。发汗对于果蔬的储藏极为不利，因为水分会加强微生物的侵染，特别是当水滴凝聚在伤口时，极易造成果蔬的腐烂。冷藏中造成发汗的原因主要是空气湿度过大、室温骤高骤低，以及堆放果蔬本身的温度低于库温。因此，防止"发汗"的基本措施是：保持稳定的库温，通风时库内外温湿度差不能太大；果蔬的温度与库房的温度之差不能过大；库内堆码果蔬不可过多，并留有通风空间。

由于果蔬是活的有机体，当其表皮气孔关闭时，能使蒸腾作用有所减弱。而光线能刺激果蔬表皮的气孔张开，因此，冷藏间内的光线不宜太强；当冷藏间无人时，应立即将灯关闭。此外，包装的好坏也影响着果蔬的蒸腾作用。

17.2.2　果蔬的呼吸作用、后熟作用与衰老

呼吸作用会使果蔬中的糖和有机酸的含量减少，影响了它的香气和风味。糖和有机酸减少的程度与冷藏温度有关，冷藏温度越低，损失越少。

在冷藏过程中，随着时间的延长，果蔬由于呼吸作用，其中的淀粉和双糖会转化为单糖而被消耗。果胶无显著减少而水溶性果胶增多，使果蔬的硬度降低。同时，蛋白质的含量减少，而转化的氨基酸增加。鞣质和糖苷也因后熟作用而减少，使果蔬的结构有了改变，并引起维生素 C 的含量也有下降的趋势。此时，果蔬开始由绿色变成黄色，其耐储性能将降低。所以，当果蔬在冷库内发生后熟现象时，必须立即出售。

后熟是果蔬采收以后其成熟过程的继续，主要发生在果品、瓜类及果菜类产品的冷藏中。果蔬在后熟中，由于脱离栽培生长环境，物质的积累被迫停止，水解酶的活性加强，呼吸作用更趋于无氧呼吸类型，使产品质量和生理特性发生一系列的变化。后熟对于改善果品、瓜类的食用质量有重要意义。例如，香蕉、柿子和梨的某些品种及西瓜、甜瓜等，只有到达后熟时，才具备良好的食用价值；对于蔬菜中的大部分瓜菜类和果菜类，随着后熟的发生，其成分会在组织或器官之间转移和重新分配，致使产品形态变劣、组织粗老和食用品质大为降低。当果蔬完成后熟时已处于生理衰老的阶段，因而失去耐储性。因此，作为储藏的果蔬应控制冷藏条件来延缓其后熟与衰老过程的进行。

促进果蔬后熟、衰老的因素主要是高温、氧气和某些刺激性气体成分，如乙烯、酒精等。所以，在果蔬的冷藏中，为推迟产品的后熟和衰老过程，除了采取适宜的低温措施和掌握适宜的通风条件外，还应该采取措施（如以溴、活性炭等为吸收剂）排除库房内的乙烯等。目前比较理想的方法是气调储藏和减压冷藏法。

此外，对于某些果蔬（如番茄、香蕉、柿子等）还可利用催熟的方法加速其后熟过程，以适应市场销售的需要。催熟的机理是基于加强果蔬中酶的活性和创造无氧呼吸的条件。这些条件是：维持适宜的高温（20~25℃），在密封条件下保持适量的低氧，利用某些催熟剂（乙烯、乙烯利、酒精等）以加强酶的活性。例如，香蕉在密封条件下采取乙烯法催熟时，温度为 20℃，乙烯浓度约为空气体积的 1‰，空气相对湿度为 85%，即可催熟出售。

17.2.3　果蔬的低温冷害与冻害

低温能减弱果蔬的呼吸作用和延缓后熟、衰老过程，并抑制微生物的活动，但并不意味着温度越低越好。在储运果蔬时应该保持适宜的低温环境，也就是既能维持果蔬的正常生理活动，而又不致遭受冷害或冻害的温度。

17.2.3.1　低温冷害

低温冷害是果蔬处在接近冰点以上的低温条件下出现的一种生理病害，又称为寒害。它的症状有产品表面产生凹陷的斑块、斑点，局部表皮组织坏死、变色且为水浸状；果肉变质，如软化、水分增加、褐变、粉质化、纤维化；绿熟的果实丧失后熟能力等。

引起低温冷害的温度，因果蔬的种类、品种、采收期和成熟度等条件而异。但对于某一种果蔬来讲，不适宜的低温冷藏和在该低温下持续的时间长短则是发生冷害的决定因素。原产地不同的果蔬，它们发生冷害的临界温度也不相同。一般原产热带的果蔬，其冷害临界温度为 $10 \sim 12 ℃$；亚热带的果蔬为 $8 \sim 10 ℃$；温带的果蔬为 $0 \sim 4 ℃$。而以原产热带、亚热带的果蔬更容易发生冷害。例如，绿熟番茄的冷藏适宜温度为 $10 \sim 11 ℃$，低于 $8 ℃$ 则出现冷害；香蕉的适宜温度为 $13 \sim 15 ℃$，低于 $11 ℃$ 则产生冷害。在同一地区内，秋季的果蔬比夏季的果蔬较耐低温，晚熟品种的果蔬比早熟品种的果蔬较耐低温，成熟度适宜的果蔬比未成熟或过于成熟的较耐低温。总之，要根据每种果蔬的生物学特性来选择最适宜的温度。

引起低温冷害的温度还与果蔬冷藏前本身的温度有很大的关系。例如，夏天在高温处放置的果蔬马上进行低温冷藏，就会引起强烈的低温冷害。这是由于冷藏温度与果蔬本身之间的温差过大，使果蔬体内的代谢作用异常，失去平衡，造成紊乱，使果蔬失去柔软性。

某些对温度比较敏感的果蔬，为了提高储藏质量，减少果蔬在冷藏过程中发生生理病害的可能性，在储藏时对这些品种采用变温储藏的方法。例如，鸭梨如果采摘后直接放入 $0 ℃$ 的冷库迅速降温，一个月后大部分发生黑心，储存 2 个月后全部黑心；但如果将鸭梨先放在 $15 ℃$ 储存两周，然后再转入 $5 \sim 10 ℃$ 库中储藏，以后每隔半个月降低 $1 ℃$，一直降到 $0 ℃$ 储藏，则对防止鸭梨黑心病的发生有良好的效果。

17.2.3.2　冻害

冻害是冷藏温度在果蔬的冰点以下，使果蔬冻结而引起的伤害。这时，果蔬不仅食用质量降低，外形和颜色也会发生变化，而且生理活动被破坏并失去储藏性能。

果蔬的冰点一般在 $-3 \sim -0.5 ℃$。

果蔬细胞的冻结是一个缓慢的过程。当温度降至果蔬冰点时，冰结晶首先在细胞间隙形成，细胞内的游离水不断向外渗透，当细胞内原生质失水过多时，则产生不可逆性的凝固，引起活细胞的死亡。在果蔬受冻害后，也会由于高温融化或受到机械力而加大果蔬的损失。因此，在储运过程中不但要防止果蔬受冻，而且对受冻害的果蔬还需要注意在解冻之前不要随意搬动，以免造成更大的机械伤害。

冷藏温度过低引起的果蔬伤害是严重的，因此，在冷库管理中应当注意绝对不要使冷藏温度降到果蔬的冰点以下。

17.3　果蔬的冷藏工艺

进行预处理后的果蔬放在恒温冷库中储藏。恒温冷库也称为高温冷库，它有良好的隔热性能，并在库内安装冷却设备，可根据果蔬的要求控制库内的温度、湿度及通风等。采用此法进行果蔬的储藏，质量高，储藏期长，是一种理想的果蔬储藏工艺。

17.3.1　橙类的冷藏工艺

（1）原料　选取中熟橙。

（2）预冷　将采摘下的鲜橙摆入差压箱中预冷，预冷库温约为5℃，预冷时间为6~8h。

（3）涂层　用0.5%硼砂溶液将橙子浸泡1~2min，取出后自然吹干，再装进胶丝袋内，浸入储存涂蜡溶液的容器内1~2s，然后倒在斜槽上慢慢滑入箩或箱内，使蜡质均匀涂布在果皮上。经24h自然晾干后，单果包纸，放入木箱。

（4）冷藏　送入1~3℃冷藏间，相对湿度为90%，定期换气。

17.3.2　鸭梨的冷藏工艺

（1）原料　选取白露前后采收的早期梨。

（2）准备工作　库房严格消毒，通风换气，然后将库温回升到5℃以上。

（3）库温调节　采取逐步降温的方法，以免鸭梨入库后因温度突然降低而造成生理失调，损害果体。一般分为三个阶段：第一阶段，库温保持在10℃约一周左右，目的是使鸭梨入库后从常温状态逐渐适应低温下的正常呼吸代谢；第二阶段，使库温从10℃逐渐下降到2~4℃，约一个半月至两个月；第三阶段，将库温降至0℃左右，以降低鸭梨的生理消耗，延长储藏期。

（4）通风换气　入库初期，鸭梨体温较高，呼吸旺盛，应增加通风换气的次数。以后，随着库温的降低，逐步减少库内通风换气的次数。一般可由一天两次减到一天一次，再到三天一次，最后逐步减少到一周一次。注意具体次数要视库内空气的具体情况而定。通风换气时间尽量安排在夜晚或拂晓前进行，此时库外空气温度较低，不易引起库温的波动。

（5）湿度　保持85%~90%为好。

17.4　冷藏果蔬在出库前的升温

夏季，当冷藏间温度与外界气温有5℃以上的温差时，冷藏的果蔬在出库前要经过升温过程，以防止"出汗"现象的发生。这是因为果蔬从冷库中直接取出时，表面常常会结露，再加上有较大温差的存在，会促使果蔬的呼吸作用大大加强，使果蔬容易变软和腐烂。另外，某些包装材料也可能受凝结水的损害。

升温过程最好在专设的升温间内进行，也可在冷藏库的走廊内进行。果蔬在升温时，空气的温度应比果蔬的温度高2~3.5℃，空气的相对湿度为75%~80%，当果蔬温度上升到与外界气温相差4~5℃时才能出库。经过升温后出库的冷藏果蔬能更好地保持其原有的品质，有利于销售和暂时存放，减少了损耗。

思考与练习题

1. 果蔬冷藏适宜的温湿度条件大约是多少？
2. 果蔬在冷藏过程中可能发生哪些变化？
3. 什么是果蔬的低温冷害？什么是果蔬的冻害？如何防止果蔬发生冻害？
4. 如何减少果蔬在冷藏中的干耗？
5. 如何控制果蔬的后成熟？
6. 果蔬升温时的温湿度有何要求？

单元十八　果蔬的气调储藏

 **学习目标**

终极目标：了解果蔬常用的气调储藏方法，并能掌握快速降氧法的工作过程。

促成目标：

1）了解气体成分及其对果蔬储藏的影响。

2）掌握气调储藏的分类。

3）掌握快速降氧法的系统构成及工作过程。

4）了解各种气调储藏的原理。

5）了解气调储藏的优缺点。

相关知识

气调保鲜技术是通过调整环境气体来延长食品储藏寿命和货架寿命的技术，其基本原理是在一封闭体系内，通过各种调节方法得到不同于正常大气组分的调节气体，从而抑制导致食品变劣或腐败的生理生化过程及微生物的活动。气调保鲜技术的关键在于调节气体成分组成与浓度，同时还必须考虑温度和相对湿度这两个十分重要的控制条件。气调和冷藏相结合的方法是当前国内外比较先进的果蔬储藏方法。

18.1　气体成分及其影响

空气的组成对果蔬储藏产生较大的影响，正常大气中约含氧气21%、二氧化碳0.03%及氮气78%，其他成分不足1%。改变空气的组成，适当降低氧气的分压或适当增高二氧化碳的分压，都有抑制植物体呼吸强度、延缓后熟老化过程、阻止水分蒸发、抑制微生物活动等作用。

18.1.1　氧分压的影响

一些研究指出，低的氧分压可使跃变型果实的呼吸高峰延迟出现并降低其强度，甚至不出现呼吸高峰。低氧分压还可抑制叶绿素的分解，达到保绿的目的。缺氧会减少乙烯的合成量或停止其合成作用，低氧（1%）还会抑制乙烯对新陈代谢的刺激作用。

在果蔬储藏中并不是氧分压越低越好，随着空气中氧气含量的不断下降，植物体呼吸作用所释放的二氧化碳也逐渐减少，当二氧化碳释放量降到一个最低点后，如果空气中的氧气含量继续降低，将会发生无氧呼吸而使二氧化碳量增加。二氧化碳释放量达到最低点时，空气中氧气的浓度称为氧气的临界浓度。储藏时，如果氧气浓度降到临界以下，则无氧呼吸加强，果蔬就可能发生缺氧生理病，进而招致微生物感染等。所以，果蔬储藏时氧气的含量应大于临界浓度。

18.1.2　二氧化碳分压的影响

空气中二氧化碳分压增大，溶于细胞中的或与某些细胞组分相结合的二氧化碳也增多，细胞中的二氧化碳量增多，会引起许多生理变化，主要表现为后熟过程受抑制。一定浓度的二氧化碳会减弱与后熟有关的合成反应，如抑制蛋白质和色素的合成。二氧化碳也会抑制乙烯对后熟的刺激作用，适量的二氧化碳还有助于保绿。据报道，二氧化碳对甘蓝、绿菜花、芹菜、菠菜、豆等也都有防止黄化的效果。

二氧化碳浓度过高则会引起一系列有害影响，如风味和颜色恶化，以及发生生理病害等。但各种果蔬对二氧化碳的敏感性有差别，如在二氧化碳10%的条件下储存，葡萄柚表现出伤害，而苹果果实硬度显著提高，保鲜期显著延长。但二氧化碳浓度过高时（超过13%），苹果褐心病就会发生，还会引起果实发生二氧化碳的生理中毒现象，使苹果品质严重恶化。

18.1.3　氧气与二氧化碳的综合影响

当没有二氧化碳时，氧气抑制果蔬后熟和衰老的阈值大约为7%，超过这个阈值基本上就不起抑制作用。但氧气的阈值是随二氧化碳含量同时上升的。另一方面，二氧化碳对果蔬的毒害作用可因提高氧分压而消除或减轻，即二氧化碳的阈值随氧分压而升高，这就是气调储藏中氧气与二氧化碳的相互拮抗作用。表18-1中以氧分压在5%~8%为例，在低二氧化碳分压（3%~6%）下全部番茄着色后熟；提高二氧化碳分压的则使着色率下降。这反映了二氧化碳对氧气的拮抗作用。而二氧化碳对果实的毒害率随着氧分压的增高而显著下降，这又反映了氧气对二氧化碳的拮抗作用。氧气与二氧化碳的这种拮抗作用在气调储藏中确定气体组成比例时很重要。

表18-1　氧气与二氧化碳之间的拮抗作用对番茄着色率和二氧化碳毒害的影响

二氧化碳含量（%）	氧含量（2%~4%）		氧含量（5%~8%）		氧含量（10%~12%）	
	着色率	毒害率	着色率	毒害率	着色率	毒害率
3~6	—	5	100	2	100	2
6~10	17	12	86	2	100	0
10~14	8	98	59	8	100	2
14~20	*	100	34	45	91	7
20~25	—	100	31	98	28	15

注：*为因生理中毒而淘汰。

气体的最适组成因果蔬的种类和品种而有不同，还随果实的发育阶段、生理状态及储藏温度而有变化。对于一般的果蔬，保持氧气浓度为2%~5%，二氧化碳的浓度与氧气浓度相等或稍高比较合适，具体可见表18-2。

表18-2　部分果蔬的气调冷藏条件

果蔬	气体组成（%）		温度/℃	相对湿度（%）	果蔬	气体组成（%）		温度/℃	相对湿度（%）
	氧气	二氧化碳				氧气	二氧化碳		
苹果	2~4	3~5	0~1	85~90	蒜薹	2~5	2~5	0~1	85~90
梨	2~3	3~4	0~1	85~90	黄瓜	2~5	2~5	10~13	90~95
柑橘	10~12	0~2	2~5	85~90	菜花	2~4	4~6	0~1	85~90
甜橙	10~15	2~3	0~2	80~85	辣椒	2~5	3~5	5~8	85~90
葡萄	2~4	2~3	-1~0	90~95	青椒	3~5	4~5	7~10	85~90
草莓	3	3	0~1	90~95	菜豆	2~7	1~2	6~9	85~90
桃	10	5	0~0.5	85~90	洋葱	3~6	8~12	0~3	70~80
李	3	3	0~0.5	85~90	甘蓝	2~5	5~7	0~2	90~95
板栗	3~5	10	0~2	80~85	芹菜	2~3	0	0~1	90~95
柿子	3~5	8	0	85~90	萝卜	2~5	2~4	1~3	90~95
哈密瓜	3~5	1~1.5	3~4	70~80	胡萝卜	1~2	2~4	0~1	90~95
熟番茄	4~8	0~4	10~12	85~90	芦笋	10~12	5~9	0~2	90~95

18.1.4 果蔬自身释放挥发物的影响

储藏库内有时会积聚果蔬自身释放的乙烯和其他挥发性物质。乙烯是植物组织在成熟过程中的代谢产物，又是促进组织呼吸和后熟衰老的激素，所以乙烯的积聚对于储藏是不利的。在进行果蔬储藏时，要进行空气净化，以有效地抑制果蔬的后熟和衰老。

18.2 气调储藏的概念与特点

气调储藏是指调整食品环境中气体成分的冷藏方法，它是由冷藏、减少空气中的氧气含量、增加二氧化碳含量所组成的综合储藏方法。

18.2.1 气调储藏的发展

气调保鲜技术的研究始于1819年，法国南部蒙彼利埃药学院教授杰克·爱丁纳·贝拉特首先研究了空气对水果成熟的影响。1941年，美国发表了关于气调储藏的公告，提供了气体成分、温度的参考数据及气调库的建筑方法和气调库的操作。在这份报告中正式将这种储藏方法称为气调储藏，简称 CA 储藏，也称快速降氧法，这一术语一直被全世界采用至今。严格地讲，CA 储藏保鲜是在冷藏的条件下，将氧气和二氧化碳控制在一定的指标之内，并允许有较小的波动范围。

在1960年以前，各国普遍采用的气调储藏是靠果蔬自身的呼吸作用来降低氧气、增加二氧化碳的体积分数的，这种储藏方法称为自发气调、自然降氧法或限气储藏保鲜，简称 MA 储藏。这种储藏保鲜方法的氧气和二氧化碳的体积分数变化较大，现在多用于短期储藏、运输及销售时的保鲜。

20世纪60年代末，我国开展了香蕉的气调试验，随后开展了苹果、梨、柑橘、番茄、菜花、蒜薹、黄瓜、青椒等多种果蔬的气调储藏试验。近年来，随着科学技术的发展，国外气调保鲜技术及设备的引进，进一步促进了 CA 储藏库的建立和推广，在苹果、库尔勒香梨、猕猴桃、大白菜等的长期储藏保鲜中取得了较好的效果。据报道，近年来美国气调储藏苹果量已占冷藏总量的80%以上，新建果品冷库几乎全是气调库；英国的气调库达22万 t 以上；其他国家也都在大力发展气调冷藏技术。

18.2.2 气调储藏保鲜的特点

气调储藏是对大部分果蔬都有效的一种储藏方法。和其他储藏方法相比，其储藏效果比较好，对部分动物性食品（如肉类、鱼类等）也有一定作用。

18.2.2.1 气调储藏保鲜的主要优点

（1）可以抑制果蔬的后熟　有呼吸高峰的果蔬若在呼吸高峰前采收储藏，在低温、低氧、高二氧化碳的条件下其呼吸强度明显减弱，并大大推迟呼吸高峰的到来。另外，在气调的条件下，果蔬产生的乙烯量减少，也降低了呼吸作用。可见，气调储藏抑制了果蔬后熟和衰老过程，可以延长其储藏寿命1~2倍。

（2）可以减少果蔬损失　一般冷库中储藏的苹果的平均损失为21.3%，而气调储藏的苹果平均损失仅为4.8%。又如，草莓极易腐烂，在21℃时只能保藏1~2d，5℃时能保藏3~5d，0℃时能保藏7~10d，如果采用气调储藏，其保藏期可长达15d，不仅抑制腐烂，而且品质很好。同时，控制相对湿度在90%左右，能防止水分流失，从而防止果蔬萎蔫，较好地保持其新鲜度。

（3）可以抑制果蔬的老化　气调储藏可以抑制果蔬的老化和衰老。二氧化碳可以抑制叶绿素的分解，达到保绿的作用。果蔬的老化主要是纤维素增加而引起的，在气调储藏中这种变化会减慢。

（4）可以控制真菌的生长和繁殖 有些果蔬中腐败真菌生长的最低温度为 $5 \sim 10℃$，若温度降低，可以防止因真菌所造成的腐败。如果再增加二氧化碳的质量分数，可以延长真菌的发芽时间，减缓其生长速度。例如，在 $10℃$ 以下二氧化碳的质量分数为 50% 时，可抑制灰霉菌；二氧化碳的质量分数为 70% 时可抑制根霉菌；二氧化碳的质量分数为 90% 时可抑制木霉菌。所以，将某些果蔬短时间放在高含量的二氧化碳中，不会引起二氧化碳中毒，并且能抑制真菌的活动。

（5）可以防止老鼠和昆虫的危害 在高含量二氧化碳和低含量氧气的条件下，老鼠和昆虫会因窒息而被杀。

（6）有利于推行绿色食品储藏 在气调储藏中，不用任何化学药物处理果蔬，所采用的措施全是物理因素，被储产品所能接触到的氧气、二氧化碳、氮气、水分和低温都是人们日常生活中不可缺少的物理因素，因而不会造成任何形式的污染，完全符合绿色食品的标准。

（7）有利于长途运输和出口外销 气调储藏的果蔬保有良好的品质，适合长途运输及出口外销，具有良好的社会经济效益。

18.2.2.2 气调储藏保鲜的主要缺点

1）若气体成分不适宜，易使果蔬产生无氧呼吸或二氧化碳中毒。

2）不同果蔬要求不同的气体成分，故不同品种的果蔬不能同库存放。

3）不能适用于所有果蔬，具有一定的局限性。

4）成本较普通冷藏高。

5）由于气调库中氧气浓度低、二氧化碳浓度高，工作人员在进入气调库时需采取防护措施，以免发生窒息事故。

18.3 气调储藏方法

气调储藏包括自然降氧法（MA 储藏）和快速降氧法（CA 储藏）两种方法。

18.3.1 自然降氧法

自然降氧法利用对不同气体有不同透气性的包装材料和果蔬自身的呼吸作用来增加储藏小环境中的二氧化碳并降低其氧气含量，也可以利用向包装容器中充氮气等方法来改变储藏环境中各种气体成分的比例，达到延长储藏期的目的。

实现自然降氧的换气方式主要有部分换气式和气体通过交换式两种换气方式。

18.3.1.1 部分换气式

果蔬在空气中进行正常呼吸时，呼吸熵（RQ）等于1，也就是说呼吸中消耗的氧气与产生的二氧化碳在容积上是相等的。如果将果蔬置于密封的冷藏库内，由于产品自身的呼吸作用，氧气会逐渐减少，二氧化碳逐渐增加。当空气中氧气含量低于临界浓度时，自室外引进适量新鲜空气以补充氧气；当二氧化碳浓度过量时，可用气体洗涤器将其消除，以减少对果蔬的生理病害。这样就可以保证库房内既定的气体成分，图 18-1 所示为普通气调储藏库的示意图。

这种方法的好处是结构简单，但也存在着一定的缺点：

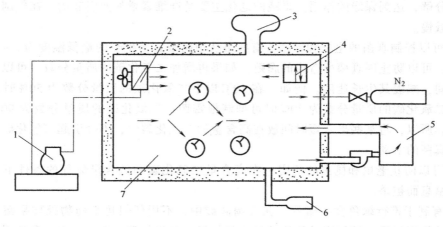

图 18-1 普通气调储藏库示意图
1—冷冻机 2—冷却器 3—橡皮囊 4—脱臭器
5—气体洗涤器 6—气体分析仪 7—气调库

1）达到要求的空气组分需要的时间较长，而达到要求之后再调整比较困难。

2）利用这种方法制造的人工空气中氧气和二氧化碳的含量不会低于 21%。

3）在储藏中果蔬自身产生的乙烯气体不能完全除去。

4）外界空气的进入会使外界热量传入，使制冷设备的负荷增加。

由于存在上述缺点，这种方法目前使用已不多。

18.3.1.2 气体通过交换式

气体通过交换式利用聚乙烯塑料薄膜等塑料膜透气性能好、化学性质稳定、耐低温、密封性好、符合卫生要求、价格便宜等优点，将新鲜果蔬放入聚乙烯薄膜内并密封。由于果蔬自身呼吸作用吸收氧气而放出二氧化碳。这时，在薄膜内产生两个作用：一是气体成分发生变化，二是薄膜内外出现压差，于是气体从分压高的一侧向低的一侧移动，而这种移动都是通过薄膜进行内外交换的。

聚乙烯薄膜包装果蔬保鲜具有以下作用：①防止果蔬的鲜度下降而减重；②抑制呼吸作用而延缓成分的损耗和后熟；③防止机械损伤；④防止温度波动而凝露。所以，采用聚乙烯薄膜储藏果蔬效果显著，使用范围广。

气体通过交换式的储藏方法一般有小袋气调储藏、大帐气调储藏、硅窗气调储藏、涂膜气调储藏等。

（1）小袋气调储藏 小袋气调储藏一般用厚度为 0.02~0.07mm 的聚乙烯薄膜，袋的大小按产品种类而定，每袋所装产品的量一般为 5~10kg，为便于管理和搬运，每袋最多不超过 30kg。使用时将果蔬装入袋内，然后将袋口密封，置于冷藏库中储藏。例如，对蒜薹、苹果（图 18-2）等储藏就可采用这种方法，其成本低，效果好。

对于短期储藏，可选厚度为 0.02~0.03mm 的聚乙烯薄膜，由于袋很薄，透气性好且储藏时间短，通常在储藏期内不需要将袋放风换气。而对于长期储藏，聚乙烯薄膜的厚度应为 0.05~0.07mm，由于袋较厚，储藏时间又过长，经过一定的时间后内部的二氧化碳积累过高会对果蔬造成伤害，因此在储藏期间应根据袋内气体情况每间隔一段时间进行适当的开口放风。

（2）大帐气调储藏　在冷藏库中使用聚乙烯大帐，将果蔬放入其中冷藏。当二氧化碳的含量聚集到一定程度，二氧化碳便会从内透出；氧气低到一定程度时，外界的氧气会从薄膜外面透入，从而使大帐内的空气组成大体上维持在一定的含量。

这种方法也比较简单，只要选择具有一定透气性的聚乙烯薄膜将果蔬包装起来，就能延缓果蔬的成熟过程、提高果蔬的储藏质量和寿命。为了保持帐内适宜的气体比例和含量，要经常观察帐内气体含量的变化。当氧气含量过低或二氧化碳含量过高时，打开大帐的袖口使新鲜空气进入。

大帐气调储藏常用 0.1～0.2mm 厚的低密度聚乙烯薄膜和无毒聚氯乙烯压制成的长方形大帐。大帐的体积根据储藏量而定。

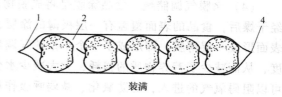

装满

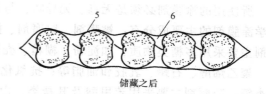

储藏之后

图 18-2　苹果塑料包装简图

1—底部焊接　2—空气　3—聚乙烯薄膜　4—热封
5—贴在水果上的塑料膜　6—减压气体

（3）硅窗气调储藏　硅窗气调储藏是在聚乙烯薄膜上镶嵌一定面积的硅橡胶塑料薄膜制成硅窗袋、硅窗箱或硅窗大帐，将果蔬装入其中后放在冷藏库中储藏，如图 18-3 所示。

因为硅橡胶是一种有机高分子聚合物，用其所制成的薄膜具有比聚乙烯薄膜高 200 倍的透气性能，而且对气体透过有选择性，使氧气和二氧化碳气体可以在膜的两边以不同的速度穿过。在常压下二氧化碳与氧气的透气量比为 1∶6，两者的透气比很适宜果蔬气调储藏的要求，一般能自动维持在氧含量为 3%～4%，二氧化碳含量为 4%～5%。这样果蔬所要求的低含量氧气和高含量二氧化碳的指标通过硅窗自动调节得以实现。

同时，硅橡胶薄膜对乙烯也有较高的透气性，能使乙烯很快透出帐外，降低内部的乙烯浓度，这对延缓果蔬的后熟和衰老有显著作用。

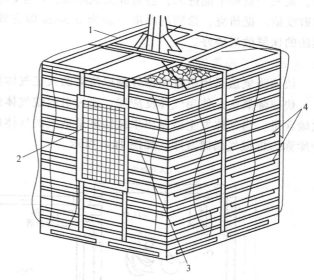

图 18-3　硅窗气调储藏示意图

1—聚乙烯袋　2—扩散窗　3—平衡孔　4—箱子

如果在采用硅窗气调储藏的同时在其中放入一定量的高锰酸钾等吸收剂，更能使乙烯浓度进一步降低，从而提高储藏效果。此外，在镶嵌硅窗的聚乙烯薄膜上通常开有一个气压平衡孔，这是为硅窗承受不了帐内压力降低而设置的。其目的是维持帐内外气压平衡，使硅窗得到保护而不至破裂。

（4）涂膜气调储藏　食品涂膜是将成膜物质事先溶解后，以适当方式涂敷于食品表面，经干燥后，食品的表面覆盖有一层极薄的涂层，故又称为液体包装。经涂料处理后，在果品表面形成一层薄膜，即形成了一个小型的气调环境，抑制了果实的气体交换，降低了呼吸强度，从而减少了营养物质的损耗，大大减少水分的蒸发。对果蔬等生鲜食品而言，这种方法可以阻碍氧气的进入，对防氧化、减弱呼吸作用等生理变化有很好的意义，同时也可以减少病原菌的侵染而避免腐烂损失。

所使用的涂膜剂必须是无毒、无异味，与食品接触不产生对人体有害成分的物质。一般化学涂膜剂的主要成分有：被膜剂、防腐剂、抗氧化剂、发色剂及 pH 调节剂等。其中，被膜剂主要采用多糖类物质，如淀粉、糊精、壳聚糖、羧甲基纤维素（CMC）、乳化剂、蛋白质、聚乙烯醇、石蜡、乳胶和油脂等；抗氧化剂主要采用 BHA、BHT、PG、抗坏血酸及其盐类等；防腐剂主要采用苯甲酸及其盐类，山梨酸及其盐类，尼泊金乙酯（对羟基苯甲酸乙酯）及尼泊金丙酯、尼泊金丁酯，以及噻苯咪唑、亚硫酸盐等；发色剂主要采用 L-抗坏血酸、亚硝酸钠、硝酸钠等；pH 调节剂主要采用乙酸、柠檬酸、氢氧化钠等。

涂膜方法分为浸涂法、刷涂法和喷涂法三种。其中最为简单的浸涂法，具体做法是将涂料配制成适当浓度的溶液，将果蔬整体浸入，使之沾上一层薄薄的涂料后，取出果蔬放到一个垫有塑料的倾斜槽内徐徐滚下，装入箱内晾干即可。刷涂法和喷涂法大多在一个机械上完成。不论采用哪种涂膜方法，关键是要根据不同的保鲜对象选用合适的涂膜材料，成膜的厚度也不能过厚或过薄。对果蔬涂膜时，若涂膜过薄或有缺损，达不到气调目的；若涂膜过厚，氧气一点都不能进入，会造成无氧呼吸，产生酒精，到一定程度后引起果蔬发酵，造成腐败变质。据研究，涂膜的厚度一般为 0.3mm 即有效，涂膜时，采用两次成膜法较一次成膜法的保鲜效果要好。

18.3.2　快速降氧法

快速降氧法是用机械在库外制取所需的人工气体后送入冷藏库内，又称为 CA 储藏。

快速降氧法是使用气体反应器，通过对丙烷气体的完全燃烧来减少氧气含量和增加二氧化碳含量。当气体发生器制出果蔬储藏最适宜的气体后，就把这种气体送入冷库中，这样的冷库称为机械气调储藏库，如图 18-4 所示。

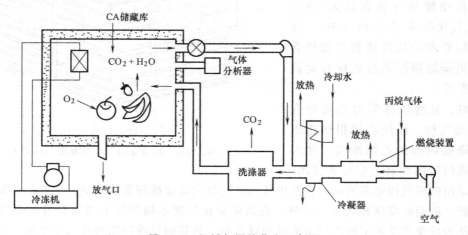

图 18-4　机械气调储藏库示意图

气调储藏库（简称气调库）一般由库体、制冷系统、气调系统、加湿系统、压力平衡系统及温度、湿度、氧化、二氧化碳等自动检测控制系统构成。

18.3.2.1　气调库库体

气调库库体不仅要求具有良好的隔热性，减少外界热量对库内温度的影响，更重要的是要求具有良好的气密性，减少或消除外界空气对库内气体成分的影响，保证库内气体成分调节速度快、波动幅度小，从而提高储藏质量，降低储藏成本。

气调库库体主要由气密层和保温层构成。气调库按建筑可分为三种类型：装配式、砖混式、夹套式。装配式气调库围护结构选用彩镀聚氨酯夹心板组装而成，具有隔热、防潮和气密的作用。该类库建筑速度快、美观大方，但造价略高，是目前国内外新建气调库最常用的类型。气调库采用专门的气调门，该门应具有良好的保温性和气密性。另外，在气调库封门后的长期储藏过程中，一般不允许随便打开气调门，以免引起库内外气体交换，造成库内气体成分的变化。为便于了解库内果蔬的储藏情况，应设置观察窗。

气调库建好后，要进行气密性测试。气密性应达到 300Pa，半降压时间不低于 $20\sim30\mathrm{min}$。

18.3.2.2　制冷系统

制冷系统是实现机械制冷所必需的机器、设备及连接这些机器、设备的管道、阀门、控制元件等所组成的封闭循环系统。气调库的制冷系统与普通冷库的制冷系统基本相同。但气调库的制冷系统具有更高的可靠性和自动化程度，并在果蔬气调储藏中长时间维持所要求的库内温度。一般采用氨制冷系统或氟利昂单级压缩直接膨胀供液制冷系统。

18.3.2.3　气调系统

要使气调库达到所要求的气体成分并保持相对稳定，除了要有符合要求的库体外，还要有相应的气体调节设备、管道、阀门所组成的系统，即气调系统。

整个气调系统包括脱氧或制氮系统、二氧化碳脱除系统、乙烯脱除系统。这里主要介绍气体发生器和二氧化碳洗涤器两大类气调设备。

（1）气体发生器　气体发生器也称为制氮机或降氧机，较常见的是循环式气体发生器，此外还有洗涤式气体发生器、组合式气体发生器、电解式气体发生器和碳分子筛气调机等。

循环式气体发生器又称为催化燃烧降氧机。工作原理是将气调库中的气体与燃料丙烷按一定配合比混合，经过预热后，在催化反应室燃烧发生氧化反应，库内气体中的氧气转化为二氧化碳和水，处理后的空气经过冷却后重新送入库内。反应式为

$$C_3H_8+5O_2 \longrightarrow 3CO_2+4H_2O+50.424kJ$$

燃烧中产生的二氧化碳可由二氧化碳洗涤器排除。

（2）二氧化碳洗涤器　二氧化碳洗涤器也称二氧化碳吸附器或二氧化碳脱除机，其作用是降低空气中二氧化碳的含量。在连续式吸收装置中主要使用氢氧化钙（消石灰）、碳酸钾、碳酸钠、活性炭作为吸附剂吸收二氧化碳。

氢氧化钙干燥洗涤器的反应式为

$$Ca(OH)_2+CO_2 \longequal CaCO_3+H_2O$$

碳酸钾吸收器的反应式为

$$K_2CO_3+H_2O+CO_2 \longequal 2KHCO_3$$

活性炭在冷藏库中可以吸附高浓度的二氧化碳，在二氧化碳浓度低的空气中又能将吸附

的二氧化碳释放出来。当库内二氧化碳的浓度升高后，活性炭吸收器吸附库内的二氧化碳，然后再吸入新鲜空气使活性炭中的二氧化碳放出，使活性炭再生，这样吸附和释放可以交替进行。

18.3.2.4 加湿系统

与普通果蔬冷库相比，由于气调储藏果蔬的储藏期长，果蔬水分蒸发较强，为抑制果蔬水分蒸发，降低储藏环境与储藏果蔬之间的水蒸气分压差，要求气调库储藏环境中具有最佳的相对湿度，这对于减少果蔬的干耗和保持果蔬的鲜脆有着重要意义。一般库内相对湿度最好能保持在 90%~95%。

常用的气调库加湿方法有以下几种：①地面充水加湿；②冷风机底盘注水；③喷雾加湿；④离心雾化加湿；⑤超声雾化加湿。

18.3.2.5 压力平衡系统

在气调库建筑结构设计中还必须考虑气调库的安全性。由于气调库是一种密闭式冷库，当库内温度降低时，其气体压力也随之降低，库内外就形成了气压差。

据有关资料介绍，当库内外温差为 1℃ 时，大气将对围护结构产生 40Pa 的压力，温差越大则气压差也越大。若不把气压差及时消除或控制在一定的范围内，将会使库体损坏。为保证气调库的安全性和气密性，并为气调库运行管理提供必要的方便条件，气调库应设置压力平衡系统：安全阀、缓冲储气袋。安全阀是在气调库密闭后，保证库内外压力平衡的特有安全设施，它可以防止库内产生过大的正压和负压，使围护结构及其气密层免遭破坏。

18.3.2.6 自动检测控制系统

气调库内的检测控制系统的主要作用为：对气调库内的温度、湿度、氧气、二氧化碳进行实时检查测量和显示，以确定是否符合气调技术指标要求，并进行自动（人工）调节，使之处于最佳气调状态。在自动化程度较高的现代气调库中，一般采用自动检测控制设备，它由（温度、湿度、氧气、二氧化碳）传感器、控制器、计算机及取样管、阀等组成，整个系统全部由一台中央控制计算机进行远距离实时监控，既可以获取各个分库内的氧气、二氧化碳、温度、湿度数据，显示运行曲线，自动打印记录和启动或关闭各系统，同时还能根据库内物料情况随时改变控制参数。

18.4 果蔬的减压储藏

减压储藏又称为低压储藏、降压储藏，是在冷藏和气调的基础上进一步发展起来的一种特殊的气调储藏方法。

减压储藏是将果蔬置于密闭容器中，抽出容器内部分空气，使内部压力降到一定程度，同时经压力调节器输送新鲜空气（相对湿度为 80%~100%），整个系统不断地进行气体交换，以维持储藏容器内压力的动态恒定和保持一定的湿度环境，如图 18-5 所示。由于降低空气的压力就等于降低空气中氧气的含量，从而可以降低果蔬的呼吸强度，并抑制乙烯的生物合成，而且在低压条件下，可推迟叶绿素的分解、抑制类胡萝卜素和番茄红素的合成，以及减缓淀粉的水解、糖的增加和酸的消耗等，从而延缓果蔬的成熟和衰老，达到保鲜的目的。

减压储藏相对于普通冷藏和气调储藏具有以下优点：①储藏期延长；②具有快速真空降温、氧含量下降速度快、快速脱除有害气体成分的"三快"特点，可以延缓果蔬的衰老；

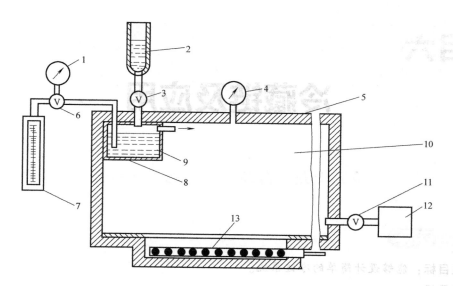

图 18-5　真空冷却减压储藏库结构示意图

1—真空度表　2—加水器　3—阀门　4—温度表　5—隔热墙　6—真空调节器　7—空气流量计
8—加湿器　9—水　10—减压储藏库体　11—真空节流阀　12—真空泵　13—制冷系统的冷却管

③储量大，可多品种混放；④减压储藏操作灵活，可随时进出库；⑤解除低压后果蔬的后熟和衰老过程仍然缓慢，故经减压储藏的果蔬有较长的货架期；⑥减压储藏除空气外不需要提供其他气体，省去了气体发生器和二氧化碳洗涤器，系统节能、经济。

减压储藏虽有上述优点，但也存在一些问题。

1）减压储藏因库内处于低压状态而使库体承受较大的压力，对密封性和结构强度要求很高，使其建筑费用要比普通冷藏库高得多。

2）食品易失水，故减压储藏时要特别注意控制湿度，最好在通入的气体中加设升温装置。

3）减压储藏后，食品易损失原有的香气和风味（有些食品在常温下放置一段时间香味会恢复）；对于那些中空的仁果类食品（如甜椒），在减压储藏中会因为里面的空气被抽出而造成变形，失去鲜活商品的价值。

思考与练习题

1. 气调储藏的原理是什么？
2. 常用的气调储藏方法有几种？
3. 气调储藏有什么优缺点？
4. 气体通过交换式的储藏方法有哪几种？
5. 快速降氧法的气调库由哪些系统构成？

项目六

冷藏链及应用

单元十九　食品冷藏链的概念认知

🔄 学习目标

终极目标：能够设计简单的冷链系统。

促成目标：

1）掌握冷藏链的概念。

2）掌握冷藏链的分类。

3）了解我国冷藏链的发展现状。

🔄 相关知识

冻结食品从生产出来一直到消费者手上，经历了冻藏、运输、销售店的冷藏及陈列柜冷藏等环节。冻结食品的品质与温度有直接关系，温度越低，品质降低的速度就慢，因此冻结食品从生产出来后，为了使其优秀品质尽量不降低且一直持续到消费者手上，则必须使从生产者到消费者之间所有环节都维持低的品温，用低温链把各个环节连接起来。也就是说，不仅生产地、消费地要冻结冷藏，而且生产地到消费地之间的运输及消费地冷藏库与销售店之间的运输都必须保持低温，这种从生产到消费之间连续低温处理称为冷藏链。冷藏链是随着科学技术的进步、制冷技术的发展而建立起来的，以食品冷冻工艺学为基础，以制冷技术为手段。冷藏链是一种在低温条件下的物流现象，因此，要求把所涉及的生产、运输、销售、经济性和技术性等各种问题集中起来考虑，协调各环节之间的关系。

19.1　食品冷藏链的概念

食品冷藏链是指易腐食品在生产、储藏、运输、销售等各个环节中始终处于规定的低温环境下，以保证食品质量、减少食品损耗的一项系统工程。

19.2　食品冷藏链的分类

19.2.1　按食品从加工到消费所经过的时间顺序分类

按食品从加工到消费所经过的时间顺序分类，食品冷藏链由冷冻加工、冷冻储藏、冷藏运输和冷冻销售四个方面构成。

（1）冷冻加工　冷冻加工包括肉类、鱼类的冷却与冻结；果蔬的预冷与速冻；各种冷冻食品的加工等。主要涉及冷却与冻结装置。

（2）冷冻储藏　冷冻储藏包括食品的冷藏与冻藏，也包括果蔬的气调储藏。主要涉及各类冷藏库、冷藏柜、冻结柜与家用冰箱等。

（3）冷藏运输　冷藏运输包括食品的中长途运输与短途送货等。主要涉及铁路冷藏车、冷藏汽车、冷藏船、冷藏集装箱等低温运输工具。在冷藏运输中，温度的波动是引起食品质量下降的主要原因之一，因此，运输工具必须有良好的性能，不但要保持规定的低温，还要保证温度稳定，长距离运输尤其如此。

（4）冷冻销售　冷冻销售包括冷冻食品的批发及零售等，由生产厂家、批发商和零售商共同完成。早期，冷冻食品的销售主要由零售商的零售车及零售店承担，近年来，城市中超级市场大量涌现，其成为冷冻食品的主要销售渠道，超市中的冷藏陈列柜兼有冷藏和销售的功能，是食品冷藏链的主要组成部分之一。

19.2.2　按冷藏链中各环节的装置分类

按冷藏链中各环节的装置分类，可分为固定的装置和流动的装置。

（1）固定的装置　固定的装置包括冷藏库、冷藏柜、家用冰箱、超市中的冷藏陈列柜等。冷藏库主要完成食品的收集、加工、储藏与分配；冷藏柜和冷藏陈列柜主要供食堂和食品零售用，家用冰箱主要供家庭所用。

（2）流动的装置　流动的装置包括铁路冷藏车、冷藏汽车、冷藏船和冷藏集装箱等。

19.3　冷藏加工和销售全过程的质量管理

加工过程应遵循 3C、3P 原则。3C 原则是指：冷却（Chilling）、清洁（Clean）、小心（Care）。也就是说，要保证产品清洁，不受污染；要使产品尽快冷却下来或快速冻结，也就是说要使产品尽快地进入所要求的低温状态；在操作的全过程中要小心谨慎，避免产品受任何伤害。3P 原则是指：原料（Products）、加工工艺（Processing）、包装（Package）。要求被加工的原料一定要是品质新鲜、不受污染的产品；采用合理的加工工艺；成品必须具有既符合健康卫生规范又不污染环境的包装。

储运过程应遵循 3T 原则。3T 原则是指产品最终质量还取决于在冷藏链中储藏和流通的时间（Time）、温度（Temperature）、产品耐藏性（Tolerance）。3T 原则指出了冻结食品的品质保持所容许的时间和品温之间存在的关系。冻结食品的品质变化主要取决于温度。冻结食品的品温越低，优良品质保持的时间越长。如果把相同的冻结食品分别放在 $-20℃$ 和 $-30℃$ 的冷库中，则放在 $-20℃$ 冷库中的冻结食品的品质下降速度要比 $-30℃$ 中的快得多。3T 原则还告诉我们，冻结食品在流通中因时间和温度的变化而引起的品质降低的累积和不可逆性。因此，应该针对不同的产品品种和不同的品质要求，提出相应的品温和储藏时间等技术经济指标。

质量检查要坚持"终端原则"。水产品的鲜度可以用测定挥发性盐基氮等方法来进行。但是最适合水产品市场经济运行规律的办法是感官检验，从外观、触摸、气味等方面判定其鲜度、品质及价位。而且，这种质量检验应坚持"终端原则"。不管冷藏链如何运行，最终质量检查应该是在冷藏链的终端，即应当以到达消费者手中的水产品的质量为衡量标准。

19.4　我国冷链物流产业现状

19.4.1　冷链物流产业市场广阔，体系建设存在巨大缺口

近年来，随着我国经济的发展，人们的生活水平不断提高，人们对食品的消费需求从温饱型向营养调剂型转变。国内消费的肉、蛋、奶、鱼、蔬菜等主要农副产品的需求量迅速增加，小批量、多品种、高保鲜成为鲜活易腐货物运输的主导趋势。随着生活节奏不断加快，人们花在厨房里的时间越来越少，对冷冻、冷藏食品的认知度越来越高，人们消费观念的变化和冷冻冷藏产业的迅速发展，为低温加工、冷藏保鲜、冷链运输行业的发展带来了广阔的市场。

《中国冷链物流发展报告》指出，2014 年和 2015 年，城镇居民人均在肉禽及制品、水产品类、菜类、干鲜瓜果类和奶及奶制品五类冷链食品上的支出分别达到 3651.1 元和 3983.9 元，同比分别增长 10.0% 和 9.1%，如图 19-1 所示。

2014 年和 2015 年，冷链食品潜在冷链物流总额分别达到 37436.2 亿元和 43223.5 亿元，同比增幅均约为 15.5%，如图 19-2 所示。

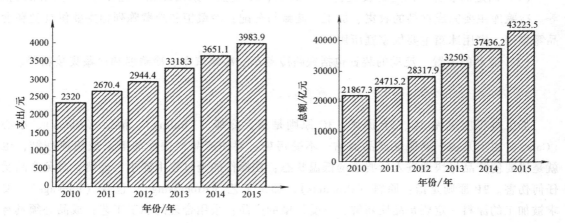

图 19-1　2010—2015 年城镇居民人均部分冷链食品消费性支出　　　图 19-2　2010—2015 年冷链食品潜在物流总额变化趋势

但我国冷链物流产业起步晚，冷链物流体系建设相对发达国家存在巨大缺口，冷链物流面临设施设备不足、技术标准缺位、产业配套不全等问题，由此，国家发改委在《农产品冷链物流发展规划》（发改经贸〔2010〕1304 号）提出"不断提高冷链物流产业自主创新能力和技术水平，推动冷链物流产业健康发展。"国务院振兴计划《物流业发展中长期计划》（2014—2020）（国发〔2014〕42 号）提出"加强鲜活农产品冷链物流设施建设，支持大宗鲜活农产品预冷、初加工、冷藏保鲜、冷链运输等设施装备建设，完善冷链物流体系建设。"国家中长期科学和技术发展规划纲要中明确指出："建立完备的鲜活农产品保鲜与物流配送及相应的冷链运输系统技术是优先发展的内容。"商务部也指出 2015 年，我国的果蔬、肉类、水产品冷链运输率分别提高到 20%、30%、36%。因此，冷链物流产业站在了快速发展的风口上。图 19-3~图 19-5 是 2012—2015 年冷库保有量变化、冷藏车销量变化和速冻产品增长变化图。

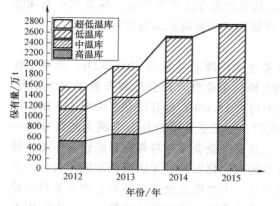

图 19-3　2012—2015 年我国冷库保有量变化趋势

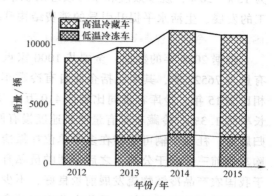

图 19-4　2012—2015 年我国冷藏车销量变化趋势

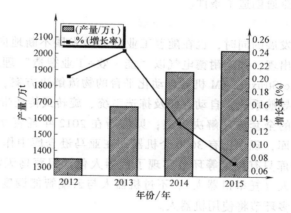

图 19-5　2012—2015 年我国速冻产品产量及增长率

　　同时，民以食为天，食以安为先，食品安全问题与百姓生活密切相关。而农产品冷链系统又是一个保证食品质量安全，减少损耗，防止污染的特殊供应链系统。因此，改变和提升我国农产品冷链物流的现状，大力发展农产品冷链物流产业势在必行，前景广阔。

19.4.2　冷链系统工程复杂，冷链技术高度集成

　　由于冷链是以保证易腐食品品质为目的，以保持低温环境为核心要求的供应链系统，所以它比一般常温物流系统的要求更高，也更加复杂，是一个庞大的系统工程。涉及农产品、水产品、调理食品等从采摘收获到餐桌的全过程，链上包含了预冷、速冻、冷藏、运输、配送、销售、家庭冷藏等各个环节。冷链技术是保证这些易腐产品长期储藏、运输及消费过程中品质、安全及卫生的最重要的技术手段，整个冷链技术是制冷技术、冷冻冷藏工艺技术、电气控制技术、机电一体化技术、信息技术、互联网技术、物联网技术的系统集成。

19.5　我国食品冷链物流产业发展趋势

19.5.1　冷链物流产业市场前景广阔

　　冷链物流产业发展迅速，蕴藏着巨大的潜在价值。预计到 2020 年，我国冷链物流产业的市场规模将可达到 4700 亿元，年复合增速将超过 20%。冷链物流产业的整体平均毛利率

为 15%~20%，规模效应和学习效应的积累或许比其他物流方式更加明显，随着农产品深加工的发展、生活水平提升引导的消费结构升级，冷链物流产业将迎来发展的黄金期。

19.5.2　冷链物流基础设施建设不断升级

根据 2016 年的数据，全国共 1000 家重点联系企业冷库总容量为 30352823t，冷藏车保有量为 76527 辆，其中包括企业自有冷藏车 37785 辆、企业整合社会冷藏车数量 38742 辆。相比 2015 年，冷库容量同比增长 410 万 t，增长率约为 15.6%，自有冷藏车增加 468 辆，增长率约 1.3%。冷藏车保有量增长速度慢有两个现状：一是企业整合社会车辆无法区分唯一归属性，社会车辆可能存在多个单位挂靠情况；二是部分企业采取与驾驶员承包合作制，新购车辆前三年属于公司，之后归驾驶员私有，逐步轻资产化发展，无法辨别车辆所有权。由于我国农产品冷链物流发展前景良好，不少批发市场、大型农业企业和零售企业开始投资建设低温供应链配送系统。目前在北京有顺鑫农业、首农集团、快行线冷链等；在上海有中外运上海冷链物流、交荣冷链、领鲜物流；山东有荣庆集团等企业。冷链物流基础设施的不断完善，为农产品冷链流通创造了条件。

19.5.3　冷链物流向智能化、信息化方向发展

冷链产业在不断发展的同时，也在随着工业社会的发展不断地向智能化、网络化迈进，相应的新技术也开始出现，如施耐德电气以"能·效+工业智造"理念为指导，向业界推介了一系列基于 Machine Struxure TM 机器自动化平台的物流解决方案，包括自动化输送系统、机器人技术、自动化导航系统、自动存储及拣选系统、旋转式传送带、生产线终端包装系统等覆盖物流各个环节的全套应用解决方案；贝佐斯在 2012 年耗资 7.75 亿美元收购机器人 Kiva 并将之应用于仓库，现在已有 3000 个机器人在亚马逊仓库中作业，帮助其运营费用下降 20%。菜鸟广州仓库只有包装等环节实现了机器人化，但菜鸟天津武清仓已在使用自主研发的仓内分拣机器人（托举机器人），不过机器人与云端智能调度算法、自动化设备磨合还需要时间，未来更多环节将使用机器人。

江苏精创电气股份有限公司研发的云冷库电控箱可以轻松实现冷库云端检测，工程商正在利用远程监控构建一个全面的物联网平台，打造冷库维修 4s 店，一举解决冷库安全保障问题；冷库恶性事故频发激发了带多种传感器的巡检机器人和智能安全监控系统的需求；烟台冰轮、神舟的生产线、装调线都投入了大量资金，向机器人的应用发展。这些冷链企业走在了行业发展的前端，为现代冷链行业的发展指明了方向。

大数据在物流中得到广泛应用。通过大数据可智能分仓，先将商品放到距离消费者最近的仓库中，之后再将大数据应用在仓库、物流、配送诸多环节，用大数据调度社会化物流，这样就能大幅缩短商品在途中的时间，以及降低各种物流成本。

19.5.4　冷链物流标准逐步完善

国家高度重视冷链物流的发展，在近几年下发的中央 1 号文件中均强调要加快农产品冷链物流系统建设，促进农产品流通。国家发改委发布了《农产品冷链物流发展规划》，推动了冷链物流的国家标准、行业标准和地方标准的出台和完善。目前，我国已经发布了 9 项冷链物流相关的国家标准。

思考与练习题

1. 什么是食品的冷藏链？

2. 冷藏链按食品从加工到消费所经过的时间顺序分为哪几类？

3. 冷链储藏运输中应遵循什么原则？

单元二十　冷藏运输

 **学习目标**

终极目标：能够根据冷链的具体要求选择合适的冷藏运输设备。

促成目标：

1）掌握冷藏运输设备的类型。

2）掌握冷藏车的热负荷组成。

3）了解蓄冷板的原理及用途。

4）了解冷藏船的种类及使用时的注意事项。

相关知识

　　冷藏运输是食品冷藏链中十分重要而又必不可少的一个环节，由冷藏运输设备来完成。冷藏运输设备是指本身能造成并维持一定的低温环境，以运输冷冻食品的设施及装置，包括冷藏汽车、铁路冷藏车、冷藏船和冷藏集装箱等。从某意义上讲，冷藏运输设备就是可以移动的小型冷库。

20.1　对冷藏运输设备的要求

　　虽然冷藏运输设备的使用条件不尽相同，但一般来说，它们均应满足以下条件：能产生并维持一定的低温环境，保持食品的品温；隔热性好，尽量减少外界传入的热量；可根据食品的种类或环境变化调节温度；制冷装置在设备内所占空间要尽可能小；制冷装置重量轻，安装稳定，安全可靠，不易出故障；运输成本低。

20.2　冷藏汽车

20.2.1　对冷藏汽车的要求

　　冷藏汽车的任务是：当没有铁路时，长途运输冷冻食品；作为分配性交通工具做短途运输。

　　虽然冷藏汽车可采用不同的制冷方法，但设计时都应考虑如下因素：车厢内应保持的温度及允许的偏差；运输过程所需的最长时间；历时最长的环境温度；运输的食品种类；开门次数。

20.2.2　冷藏汽车的冷负荷

　　一般来讲，食品在运输前均已在冷冻或冷却装置中降到规定的品温，所以冷藏汽车无须再因食品消耗制冷量，冷负荷主要由通过隔热层的热渗透及开门时的冷量损失组成。如果冷藏运输新鲜的果蔬类食品，则还要考虑其呼吸热。

　　通过隔热层的传热量与环境温度、汽车行驶速度、风速和太阳辐射等有关。在停车状态下，太阳辐射是主要的影响因素；在行使状态下，空气与汽车的相对速度是主要的影响因素。

车体壁面隔热性的好坏，对冷藏汽车的运行经济性影响很大，要尽力减小热渗透量。用作隔热层的最常用的隔热材料是聚苯乙烯泡沫塑料和聚氨酯泡沫塑料，其传热系数小于 $0.6W/(m^2 \cdot K)$，具体数值取决于车体及隔热层的结构。从热损失的观点看，车体最好由整块玻璃纤维塑料制成，并用现场发泡的聚氨酯泡沫塑料隔热，在车体内外装设气密性护壁板。

由于单位时间内开门的次数及开、关间隔的时间均不相同，所以，有关开门造成的冷量损失的计算较困难，一般凭经验确定。其值约比壁面损失大几倍。分配性冷藏汽车由于开门频繁，冷量损失较大，而长途冷藏汽车则可以不考虑这项损失。若分配性冷藏车每天工作 8h，可按最多开门 50 次算。

20.2.3　冷藏汽车的分类

根据制冷方式，冷藏汽车可分为机械制冷式、液氨或干冰制冷式、蓄冷板制冷式等多种，这些制冷系统彼此差别很大，选择使用时应从食品种类、运行经济性、可靠性和使用寿命等方面综合考虑。

20.2.3.1　机械制冷汽车

机械制冷汽车（图 20-1）通常用于远距离运输，在寒冷的季节里，制冷机组可以拆除。机械制冷汽车有三种基本结构：

（1）车首式制冷机组　把包括发动机在内的整套制冷机组安装在车厢前端。

（2）制冷机组与动力装置分开　大型货车的制冷压缩机配备专门的发动机，通常以汽油作燃料，布置在车厢下面；小型货车的压缩机与汽车共用一台发动机，制冷能力一般按车速 40km/h 设计。为了防止汽车出现机械故障，在冷藏汽车停驶时仍能驱动制冷机组，有的汽车还装备一台能利用外部电源的备用电动机。

（3）压缩机组独立　带电动机的压缩机组置于车架底下，用一根长管道将机组与车内的蒸发器连接起来。这种形式的制冷机组在振动时容易松动，制冷剂易泄漏，并且车下机组受到尘土及路面热辐射的影响，故障较多，所以总的趋势是采用车首式制冷机组。

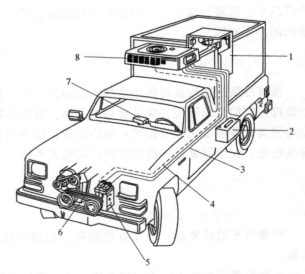

图 20-1　机械冷藏汽车的基本结构及制冷系统
1—冷风机（蒸发器）　2—蓄电池箱　3—制冷管路
4—电气线路　5—制冷压缩机　6—传动带
7—控制盒　8—风冷式冷凝器

机械制冷汽车的蒸发器通常安装在车厢的前端，采用强制通风方式。冷风贴着车厢顶部向后流动，从两侧及车厢后部下到车厢底面，沿底面间隙返回车厢前端。这种方式使整个食品货堆都被冷空气包围着，外界传入车厢的热流直接被冷风吸收，不会影响食品的温度。

前面已讲到,在冷藏运输新鲜的果蔬类食品时,将产生大量的呼吸热,为了及时排除这些热量,在货堆内外都要留出一些间隙,以利通风。运输冻结食品时,没有呼吸热放出,货堆内部不必留间隙,只要冷风在货堆周围循环即可。

机械制冷汽车的优点是:车内温度比较均匀稳定,温度可调,运输成本较低。缺点是:结构复杂,易出故障,维修费用高;初投资高;噪声大;大型车的冷却速度慢,时间长;需要融霜。

20.2.3.2 液氮或干冰制冷汽车

液氮或干冰制冷方式所使用的制冷剂是一次性的,或称消耗性的。常用的制冷剂包括液氮、干冰等。

液氮制冷汽车如图 20-2 所示,主要由液氮罐、液氮喷嘴及温度控制器组成。液氮制冷汽车装好货物后,通过温度控制器设定车厢内要保持的温度,而感温器则把测得的实际温度传回温度控制器,当实际温度高于设定温度时,则自动打开液氮管道上的电磁阀,液氮从喷嘴喷出降温;当实际温度降到设定温度后,电磁阀自动关闭。液氮由喷嘴喷出后,立即吸热汽化,体积膨胀高达 600 倍,即使货堆密实,没有通风设施,氮气也能进入

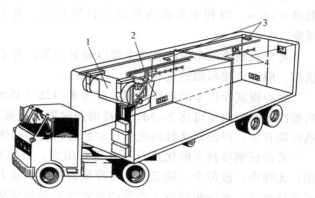

图 20-2 液氮制冷汽车的基本结构
1—液氮罐 2—液氮喷嘴 3—门开关 4—安全开关

货堆内。冷的氮气下沉时,在车厢内形成自然对流,使温度更加均匀。为了防止液氮汽化时引起车厢内压力过高,车厢上部装有安全排气阀,有的还装有安全排气门。

液氮制冷时,车厢内的空气被氮气置换,而氮气是一种惰性气体,长途运输果蔬类食品时,不但可减缓其呼吸作用,还可防止食品被氧化。

液氮制冷汽车的优点是:装置简单,初投资少;降温速度很快,可较好地保证食品的质量;无噪声;与机械制冷装置比较,重量大大减小。缺点是:液氮成本高;运输途中液氮补给困难,长途运输时必须装备大的液氮容器,减少了有效载货量。

用干冰制冷时,先使空气与干冰换热,然后借助通风使冷却后的空气在车厢内循环。吸热升华后的二氧化碳由排气管排出车外。有的干冰制冷汽车在车厢中装置四壁隔热的干冰容器,干冰容器中装有氟利昂盘管,车厢内装备氟利昂换热器,在车厢内吸热汽化的氟利昂蒸气进入盘管,被盘管外的干冰冷却,重新凝结为氟利昂液体后,再进入车厢内的蒸发器,使车厢内保持规定的温度。

干冰制冷汽车的优点是:设备简单,投资费用低;故障率低,维修费用少;无噪声。缺点是:车厢内温度不够均匀,冷却速度慢,时间长;干冰的成本高。

20.2.3.3 蓄冷板制冷汽车

内装低温共晶溶液,能产生制冷效果的板块状容器称为蓄冷板。使蓄冷板内共晶溶液冻结的过程就是蓄冷过程。将蓄冷板安装在车厢内,外界传入车厢的热量被共晶溶液吸收,共晶溶液由固态转化为液态。

常用的低温共晶溶液有乙二醇、丙二醇的水溶液及氯化钙、氯化钠的水溶液。不同的共晶溶液有不同的共晶点，要根据冷藏车的需要选择合适的共晶溶液。一般来讲，共晶点应比车厢规定的温度低 2~3℃。

蓄冷的方法通常有两种：一是利用集中式制冷装置，即当地现有的供冷藏库用的或具有类似用途的制冷装置。拥有很多蓄冷板制冷汽车的地区，可设立专门的蓄冷站，利用停车或夜间使蓄冷板蓄冷。此时可利用蓄冷板，蓄冷板中装有制冷剂盘管，只要把蓄冷板的管接头与制冷系统连接起来，就可进行蓄冷。二是借助于装在蓄冷板制冷汽车内部的制冷机组，停车时借助外部电源驱动制冷机组使蓄冷板蓄冷。

蓄冷板制冷汽车的蓄冷板可装在车厢顶部，也可装在车厢侧壁上，蓄冷板距车厢顶或车侧壁 4~5cm，以利于车厢内的空气自然对流。为了使车厢内温度均匀，有的汽车还安装风扇。

蓄冷板制冷汽车内的换热主要以辐射为主，为了利于空气对流，应将蓄冷板安装在车厢顶部，但这会使车厢的重心过高，不平稳。

蓄冷板制冷汽车的蓄冷时间一般为 8~12h（环境温度 35℃，车厢内温度-20℃），特殊的蓄冷板制冷汽车可达 2~3d。保冷时间除取决于共晶板内共晶溶液的量外，还与车厢的隔热性能有关，因此应选择隔热性较好的材料制作厢体。

蓄冷板制冷汽车的优点是：设备费用少；可以利用夜间廉价的电力蓄冷，降低运输费用；无噪声；故障少。缺点是：蓄冷板的数量不能太多，蓄冷能力有限，不适于超长距离运送冻结食品；蓄冷板减少了汽车的有效容积和载货量；冷却速度慢。

蓄冷板不仅用于冷藏汽车，还可用于铁路冷藏车、冷藏集装箱、小型冷藏库和食品冷藏柜等。

20.2.3.4 组合式制冷

为了使冷藏汽车更经济方便，可采用以上几种冷藏方式的组合，通常有液氮—风扇盘管组合制冷、液氮—蓄冷板组合制冷两种。

液氮—蓄冷板组合制冷装置主要应用于分配性冷藏汽车，液氮制冷和蓄冷板制冷各有分工。蓄冷板主要担任下列情况的制冷任务：通过车厢壁和缝隙的传热量；环境温度高于38℃时，一部分开门的换热量；环境温度低于 16℃时，全部的开门换热量。而液氮系统主要承担环境温度高于 16℃时的开门换热量，以尽快恢复车厢内规定的温度。

这种组合式制冷的特点是：环境温度低时，用蓄冷板制冷较经济，而环境温度高或长时间开门后，用液氮制冷更有效；装置简单；维修费用低；无噪声；故障少。

除了上述制冷汽车外，还有一种保温汽车，它没有任何制冷装置，只在壳体上加设隔热层，这种汽车不能长途运输冷冻食品，只能用于市内由批发商店或食品厂向零售商店配送冷冻食品。

20.3 铁路冷藏车

陆路远距离运输大批量的冷冻食品时，可以选择铁路冷藏车，它具有运输量大、速度快的特点。良好的铁路冷藏车应具有良好的隔热性能，并设有制冷、通风和加热装置。

铁路冷藏车可以分为加冰冷藏车、机械制冷冷藏车、蓄冷板冷藏车、无冷源保温车、液氮和干冰铁路冷藏车几个类型。

20.3.1 加冰铁路冷藏车

加冰铁路冷藏车以冰或冰盐作为冷源。按冷却器（冰箱和冰笼）在车上安装位置的不同，加冰铁路冷藏车又分为车端式（冷却器为冰笼，装在车辆两端）加冰冷藏车和车顶式（冷却器为冰笼，安装在车辆顶部）加冰冷藏车两种。车端式加冰冷藏车由于其结构上的缺点，性能较差，目前我国铁路已不采用，现有的加冰铁路冷藏车全部为车顶式的。一般在车顶装有 6~7 个马鞍形储冰箱，2~3 个为一组。

加冰铁路冷藏车具有与一般铁路棚车相似的车体结构，但设有车壁、车顶和地板隔热、防潮结构，装有气密性好的车门，如图 20-3 所示。

加冰铁路冷藏车的优点是：结构简单，造价低；冰和盐价廉易购。缺点是：车内温度波动较大，温度调节困难，使用局限性较大；行车沿途需要加冰、加盐，影响列车速度；融化后的冰盐水不断溢流排放，腐蚀钢轨、桥梁等。

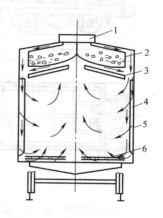

图 20-3 加冰铁路冷藏车
1—加冰盖 2—冰箱
3—空气循环挡板 4—通风槽
5—车体 6—离水格栅

20.3.2 机械制冷铁路冷藏车

机械制冷铁路冷藏车是以机械式制冷装置为冷源的铁路冷藏车，它是目前铁路冷藏运输中的主流车型。

机械制冷铁路冷藏车有两种结构形式：一种是每一节车厢都备有自己的制冷设备，用自己的柴油发电机组来驱动制冷压缩机，铁路冷藏车可以单节与一般货物车厢编列运行；另一种机械制冷铁路冷藏车中只装有制冷机组，没有柴油发电机，这种铁路冷藏车不能单节与一般货物列车编列运行，只能组成单一机械列运行，由专用车厢中的柴油发电机统一供电驱动压缩机。目前，我国机械制冷铁路冷藏车一般采用集中供电、单独制冷（每辆货物车分别制冷）的方式。由发电车集中供电（也可用外接电源供电），每辆货物车分别制冷，采用氟利昂作为制冷剂。发电车长度为 20m，车上有机器间、配电间、工作室及生活间等。氟利昂在制冷机的蒸发器中汽化吸热（蒸发器装在货物车的端壁上），使货物车内的空气冷却，在蒸发器后面装有风机强迫货物车内空气循环，以加强冷却效果。

机械制冷铁路冷藏车的优点是：制冷速度快；温度调节范围大、车内温度分布均匀；运送迅速；适应性强，制冷、加热、通风换气、融霜能自动化；新型机械冷藏车还设有温度自动检测、记录和安全报警装置。缺点是：造价高；维修复杂；使用技术要求高。

图 20-4 是机械制冷铁路冷藏车的典型结构图。

20.3.3 蓄冷板铁路冷藏车

蓄冷板铁路冷藏车的结构和布置原理与冷藏汽车的相同，不再重复。

20.3.4 液氮铁路冷藏车

液氮铁路冷藏车的原理是在具有隔热车体的铁路冷藏车上装设液氮储罐，罐中的液氮通过喷淋装置喷射出来，突变到常温常压状态，并汽化吸热，起到对周围环境降温的作用。

液氮铁路冷藏车兼有制冷和气调的作用，能较好地保持易腐食品的品质，在国外已有较大的发展，我国也已开始研制。

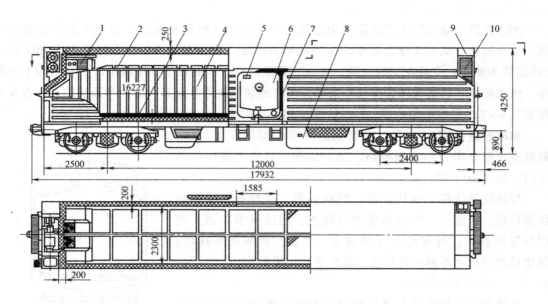

图 20-4　机械制冷铁路冷藏车的典型结构（单位：mm）

1—制冷机组　2—车顶通风风道　3—地板离水格栅　4—垂直气流格墙　5—车门排气口　6—车门
7—车门温度计　8—独立柴油发电机组　9—制冷机组外壳　10—冷凝器通风格栅

20.4　冷藏船

　　冷藏船作为食品冷藏链中的一个运输设备，完成各种水产品或其他冷藏食品的转运，保证运输期间食品必要的运送条件。它主要用于渔业，尤其是远洋渔业。远洋渔业的作业时间很长，有的长达半年以上，必须用冷藏船将捕捞物及时冷冻和冷藏。此外，由海路运输易腐食品也必须用冷藏船。

20.4.1　冷藏船的分类

　　冷藏船可分为三种：冷冻母船、冷冻渔船和冷冻运输船。冷冻母船是万吨以上的大型船，它配备冷却、冻结装置，可进行冷藏运输。冷冻渔船一般是指备有低温装置的远洋捕鱼船或船队中较大型的船。冷冻运输船包括集装箱船，它的隔热保温要求很严格，温度波动不超过±5℃。

20.4.2　冷藏船用制冷装置

　　冷藏船上一般都装有制冷装置，船舱隔热保温。图 20-5 为船用制冷装置布局示意图。船上制冷设备的工作条件与陆用制冷设备的工作条件不大相同，因此船用制冷设备的设计、制造和安装需要具备专门的实际经验。

　　船用制冷设备与陆用设备的主要不同为：船用制冷设备应具有更高的使用安全可靠性，较高的耐压、抗湿、抗振性能及耐冲击性；具有一定的抗倾性能；船用制冷设备的用材应有较好的耐蚀性；船用制冷设备的安装、连接应具有更高的气密性及运行可靠性；船用制冷设备选用的制冷剂应不燃、不爆、无毒，对人体无刺激，不影响健康；船用制冷设备应具有更好的适应性，安全控制、运行调控及监视、记录系统更加完备。

　　因此，在船用制冷设备的设计过程中，一般应注意以下几个方面的问题：

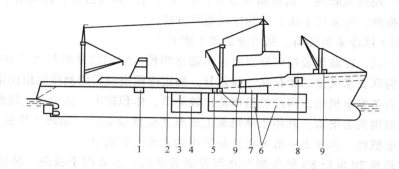

图 20-5　船用制冷装置布局示意图

1—平板冻结装置　2—带式冻结装置　3—中心控制室　4—机房　5—大鱼冻结装置　6—货舱

7—空气冷却器室　8—厨房制冷装置　9—空调中心

1）因船上的机房较狭小，因此制冷设备要尽可能紧凑，但又要为修理留有空间。考虑到生产的经济性和在船上安装的快速性问题，为了适应船上快速安装的要求，已越来越多地采用系列化组装部件，其中包括若干特殊结构。

2）要注意船舶的摆动问题。在长时间横倾达 15°和纵倾达 5°的情况下，制冷设备必须能保持正常工作。

3）与海水接触的部件，如冷凝器、泵及水管等，必须由耐海水腐蚀的材料制成。

4）船下水后，环境温度变化较大，因此制冷设备需按最高冷凝温度设计。

5）环境温度的变化还会引起渗入冷却货舱内的热量的变化，因此必须控制制冷设备的负荷波动，所以船用制冷设备上一般都装有自动能量调节器，以保持货舱温度不变。

6）运输过程中，为确保制冷设备连续工作，必须装备备用机器和机组。

7）由于负荷波动强烈，压缩机必须具备良好的可调性能，因此螺杆式压缩机特别适于船上使用。

20.5　冷藏集装箱

冷藏集装箱是以运输冷冻食品为主，能保持所定温度的保温集装箱。它专为运输鱼、肉、新鲜水果、新鲜蔬菜等食品而特殊设计的。冷藏集装箱采用镀锌钢板结构，箱内壁、底板、顶板和门由金属复合板、铝板、不锈钢板或聚酯制造。使用温度范围一般为 $-30 \sim 12℃$，更通用的范围是 $-30 \sim 20℃$。

20.5.1　冷藏集装箱的分类

冷藏集装箱的基本类型有以下几种：

1）保温集装箱。箱内没有制冷装置，只有隔热结构。

2）外置式保温集装箱。无任何制冷装置，隔热性能很强，箱的一端有软管连接器，可与船上或陆上的供冷站的制冷装置连接，使冷气在集装箱内循环，达到制冷效果，一般都能保持 $-25℃$ 的冷藏温度。该集装箱集中供冷，箱容利用率高，自重轻，使用时机械故障少。但是它必须由设有专门制冷装置的船舶装运，使用时箱内温度不能单独调节。

3）内藏式冷藏集装箱。箱内有制冷装置，可自己供冷。制冷机组安装在箱体的一端，冷风从风机的一端送入箱内。如果箱体过长，则采用两端同时送风，以保证箱内的温度均匀。为了加强换热，可采用下送上回的冷风循环方式。

4）液氮和干冰冷藏集装箱。利用液氮和干冰制冷。

按照运输方式，冷藏集装箱可分为海运和陆运两种，它们的外形尺寸没有很大的差别，但陆地运输的特殊要求又使二者存在一些差异。海运冷藏集装箱的制冷机组用电由船上统一供给，不需要自备发电机组，因此机组构造比较简单，体积较小，造价也比较低。但海运冷藏集装箱卸船后因失去电源，就得依靠码头上供电才能继续制冷，如转入铁路或公路运输，就必须增设发电机组，国际上一般的做法是采用插入式发电机组。

陆运集装箱是 20 世纪 80 年代初在欧洲发展起来的，主要用于铁路、公路和内河航运船，因此必须自备柴油或汽油发电机组，这样才能保证在运输途中制冷机组的用电。有的陆运集装箱采用制冷机组和冷藏汽车发电机组合一的机组，其优点是体积小、重量轻、价格低，缺点是柴油机必须始终保持转运，耗油量较大。

20.5.2 冷藏集装箱的特点

冷藏集装箱使用的主要特点有：可用于多种交通运输工具进行联运；可以从产地到销售点，实现"国到国"直达运输；一定条件下，可以当作活动式冷库使用；使用中可以整箱吊装，装卸效率高，运输费用相对较低；装载容积利用率高，营运调度灵活，使用经济性强；新型冷藏集装箱的结构和技术性能更合理先进，有广泛的适用性。

思考与练习题

1. 机械制冷汽车有哪三种基本结构？
2. 蓄冷板用于哪些场合？
3. 冷藏集装箱分为哪几种？
4. 冷藏船分为哪几种？

单元二十一　冰箱和冷藏陈列柜

学习目标

终极目标：能够根据冷藏链的具体要求选择合适的冰箱或冷藏柜。

促成目标：
1）掌握各种冷藏柜的用途。
2）了解冰箱冷度的星级标准。
3）了解各种冷藏柜的优缺点。

相关知识

21.1　家用冰箱

在冷藏链中，家用冰箱是最小的冷藏单位，也是冷藏链的终端。双门风冷式冰箱的基本结构如图 21-1 所示。

一台冰箱通常有两个储藏室：冷藏室和冷冻室。冷藏室用于冷却食品的储藏，温度约为 0~10℃。冷冻室用于食品的冷冻储藏，储存时间较长。根据冻结食品的种类或储藏期限，冷冻室温度可以用星型符号"＊"来标记。一星级（一个"＊"）表示冷冻室温度不高于-6℃，二星级（两个"＊"）表示冷冻室温度不高于-12℃，三星级（三个"＊"）表示冷冻室温度不高于-18℃。值得指出的是，有些中、高档冰箱的冷冻室用四个星号表示。其中，后三个星号表示冷冻温度为-18℃，前一个星号表示有食品冷冻室（即速冻室），速冻室温度为-30℃左右。实际冷冻能力见该冰箱使用说明书。

家用冰箱的种类很多，按照制冷系统的原理可分为蒸气压缩式、吸收式和半导体式制冷冰箱等，目前广泛应用的是蒸气压缩式冰箱；按照冰箱的箱门形式可分为单门、双门、三门和多门电冰箱；按冰箱

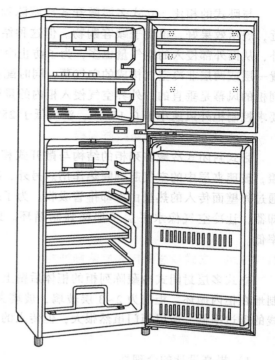

图 21-1 双门风冷式冰箱结构图

的冷却方式可分为直冷式、间冷式（无霜型）和直接冷却与吹风冷却兼备的冰箱。直冷式冰箱是制冷剂在蒸发盘管内吸热汽化，依靠空气自然对流进行冷却降温的冰箱。间冷式（无霜型）冰箱是制冷剂在蒸发器内汽化吸热，借助空气强迫对流进行冷却降温的冰箱。

21.2 冷藏陈列柜

冷藏陈列柜是菜市场、副食品商场、超级市场等销售环节所用的冷藏设施，目前已成为冷藏链建设中重要的冷藏设备。

21.2.1 冷藏陈列柜的分类

根据冷藏陈列柜的结构形式，可分为敞开式和封闭式，敞开式又包括卧式敞开式和立式多层敞开式，封闭式又包括卧式封闭式和立式多层封闭式。

21.2.1.1 卧式敞开式冷藏陈列柜

卧式敞开式冷藏陈列柜上部敞开，开口处有循环冷空气形成的空气幕，通过维护结构传入的热量也被循环的冷风吸收，不影响食品的质量。对食品质量影响较大的是由开口处传入的辐射热，特别是对于冻结食品用的陈列柜，辐射热流较大。

当外界湿空气侵入冷藏陈列柜时，遇到蒸发器就会结霜，随着霜层的增加，冷却能力降低，因此必须在 24h 内至少进行一次自动除霜。外界空气的侵入量与风速有关，当风速超过 0.3m/s 时，侵入的空气量会明显增加，所以在布置敞开式冷藏陈列柜时，应考虑与空调的相对位置。

21.2.1.2　立式多层敞开式冷藏陈列柜

与卧式的相比，立式多层敞开式冷藏陈列柜占地面积大，商品放置高度与人体高度相近，展示效果好，也便于顾客购物。但这种结构的冷藏陈列柜内部的冷空气更容易逸出柜外，从而外部侵入的空气量也多，为了防止冷空气与外界空气的混合，在冷风幕的外侧再设置一层或两层非冷空气构成的空气幕，同时配备较大的制冷能力和冷风量。由于立式冷藏陈列柜的风幕是垂直的，外界空气侵入柜内的量受空气流速的影响更大，从节能的角度来看，要求控制柜外风速小于 0.15m/s，温度低于 25℃，相对湿度小于 55%。

21.2.1.3　卧式封闭式冷藏陈列柜

卧式封闭式冷藏陈列柜的结构与敞开式相似，它在开口处设有 2~3 层玻璃构成的滑动盖，玻璃夹层中的空气起到隔热作用。另外，冷空气风幕也由埋在柜壁上的冷却排管代替，通过外壁面传入的热量由冷却排管吸收。为了提高保冷性能，可在陈列柜后部的上方装置冷却器，让冷空气像水平盖子那样强制循环。此类冷藏陈列柜的缺点是商品装载量少，效率低。

21.2.1.4　立式多层封闭式冷藏陈列柜

立式多层封闭式冷藏陈列柜的柜体后壁上有冷空气循环通道，冷空气在风机的作用下强制地在柜内循环。柜门为 2~3 层玻璃，玻璃夹缝中的空气具有隔热作用。由于玻璃对红外线的透过率低，所以柜门虽然很大，但传入的辐射热并不多。

21.2.2　冷藏陈列柜的节能措施

1）提高设计的合理性。

2）增强柜体的隔热性能。

3）合理地选择冷藏陈列柜的形式。

4）对于敞开式陈列柜，停业时加盖遮住。

5）远离热源。

6）降低照明强度。

7）正确地设置除霜时间。

8）在适当的范围内提高蒸发温度。

9）食品包装材料应合理。

另外，可以考虑将蓄冷技术用于冷藏陈列柜，这样可以充分利用停业时间的低谷电力，在营业时间的电价高峰期等同于使用停业时间的低谷期电价，可降低冷藏陈列柜的耗电费用，提高其运行经济性。

思考与练习题

1. 三星级冰箱表示什么？

2. 冰箱常用的分类有哪些？

3. 冷藏柜如何分类？

4. 各种冷藏柜都适用于什么场合？

项目七

冷库管理

单元二十二　冷库的卫生管理

 **学习目标**

　　终极目标：能够进行冷库的卫生管理。

　　促成目标：

　　1）掌握冷库的卫生管理的相关内容。

　　2）了解冷库消毒的相关内容。

　　3）掌握货物堆放及异味处理的相关内容。

相关知识

　　食品的腐败变质主要是由于微生物的生长繁殖所致。低温虽然可以抑制微生物生长繁殖，但大多数的微生物在低温下并不死亡。因此，冷库必须有严格的卫生制度，尽可能地减少微生物污染食品的机会，以保证食品质量，延长食品的保藏期限。

22.1　冷库的卫生和消毒

22.1.1　环境卫生和消毒

　　冷库周围的场地与走道应经常清扫，定期消毒。冷库的四周不应有污水和垃圾。垃圾箱和厕所应建在库房 25m 以外，并保持清洁。冷库专用的火车和冷库月台除需定期清扫外，还应在每次进出库前后进行彻底清扫，要定期用 10%~20%漂白粉水溶液消毒。

22.1.2　库房和工具的卫生与消毒

　　冷库库房的墙壁和顶棚上均应粉刷抗霉剂，并进行不定期的消毒工作。

　　运货的手推车及其他载货设备不论在使用前还是使用后，都要进行清扫，随时随地保持清洁卫生。凡冷库内冷藏的食品，不论是否有包装，都要堆放在垫木上。垫木应刨光并经常保持清洁。冷库内使用的挂钩应经过镀锌处理，以免生锈。

　　对冷库的下水道也应清理并可用漂白粉水溶液消毒，不可忽视。

22.1.3　冷库用的消毒剂和消毒方法

22.1.3.1　冷库用的抗霉剂消毒剂和紫外线

　　（1）抗霉剂　冷库用的抗霉剂如下：

　　1）氟化钠法：在白陶土（含钙盐量不大于 0.7%或不含钙盐）中加入 1.5%氟化钠或氟

化铁，或者 2.5%氟化铵，配成水溶液粉刷墙壁；也可用 2%氟化钠和 20%白灰配成水溶液粉刷墙壁。此法能保证在 0℃下，1~2 个月不会发霉。

2）羟基联苯酚钠法：当发霉严重时，在正常的库房内可用 2%羟基联苯酚钠溶液刷墙，或者用同等浓度的药剂溶液配成刷白混合剂进行粉刷。用这种方法消毒，无气味，也不腐蚀器皿，但不可与漂白粉交替或混合使用，以免墙壁上呈现褐红色。

3）硫酸铜法：将硫酸铜 2 份和钾明矾 1 份混合，取此 1 份混合物加 9 份水，在临粉刷前再加 7 份石灰刷墙，对杀灭墙壁上霉菌效果很好。

4）用 2%过氧酸钠盐水与石灰水混合粉刷，也具有足够抗菌的效果。

（2）消毒剂　冷库用的消毒剂如下：

1）次氯酸钠消毒：库温在-4℃以下时，用 2%~4%次氯酸钠溶液加入 2%碳酸钠配成混合液，喷洒在库内，并关闭库门进行消毒。消毒完后，应进行通风换气。

2）二苯酚醚钠消毒：库温在-4~4℃时，可用 2%二苯酚醚钠水溶液洗刷墙、柱、地板和顶棚等消毒。

3）漂白粉混合液消毒：当库温升至 5℃时，可将漂白粉与碳酸钠混合并用热水（30~40℃）配制溶液进行消毒。对冷库中使用的工具设备及操作人员穿戴的衣物等可用紫外线照射杀菌消毒，也可用 10%~20%漂白粉水溶液消毒。

4）福尔马林消毒：对于库温在 20℃以上的库房，可用 3%~5%甲醛消毒（即 7.5%~12%福尔马林溶液），每立方米喷射 0.05~0.06kg。

5）乳酸消毒：乳酸消毒是一种可靠的方法。它能除霉、杀菌。在库内有无食品时都可采用此法。同时也能除臭味。使用方法是将 80%~90%乳酸和水等量混合，按 1mL/m³ 的乳酸比例，将混合物用 2000W 电炉加热，直至药液蒸发完后关闭库门 6~24h 即可。

6）乙内酰脲：乙内酰脲是一种无毒无害的药品，因它不耐热（60℃），常将其配成 0.1%的混悬液，按 0.2kg/m³ 的剂量进行喷雾消毒。

7）多菌灵：多菌灵是禽蛋灭菌抑霉较好的药物。将多菌灵粉配成 0.1%的水溶液或将 50%多菌灵可湿性粉剂配成 0.1%的水溶液进行喷雾或浸渍鸡蛋。

8）过氧乙酸：常按 5~10mL/m³20%过氧乙酸的剂量采用电炉熏蒸消毒，也可按上述剂量配成 1%的水溶液喷雾消毒。

9）新洁尔灭：新洁尔灭是较好的食品消毒除霉剂，能使细菌几分钟内死亡，具有很强的杀菌作用。使用时将 0.1%新洁尔灭水溶液按 40mL/m³ 喷雾消毒，可使霉菌下降率达 50%~84%。

10）酒精甲酚皂溶液：酒精甲酚皂溶液是一种既灭菌又除臭的消毒剂。使用时将 70%酒精 49.75kg 与甲酚皂溶液 0.25kg 混合，按 80mL/m³ 的剂量喷雾消毒。杀菌率可达 82%~97%。

（3）紫外线　紫外线既能杀菌，又能除霉，也有除臭作用。一般 1m³ 库房的空间用 1W 的紫外线光灯，每昼夜平均照射 3h，即对空气起到杀菌消毒作用。

22.1.3.2　冷库的消毒与粉刷方法

常常是把消毒剂与粉刷材料混合在一起，使粉刷与消毒工作一起完成。粉刷时室内温度应在 5℃以上。粉刷前，将冷库的木门等木质部分洗净。粉刷后，粉刷物的表面先以 5%铁矾（$FeSO_4$）或硫酸铁 $[Fe_2(SO_4)_3]$ 溶液洗涤，再用熟石灰 $[Ca(OH)_2]$ 涂刷。

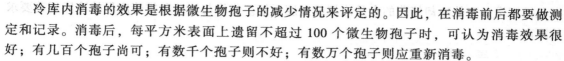

冷库内消毒的效果是根据微生物孢子的减少情况来评定的。因此，在消毒前后都要做测定和记录。消毒后，每平方米表面上遗留不超过 100 个微生物孢子时，可认为消毒效果很好；有几百个孢子尚可；有数千个孢子则不好；有数万个孢子则应重新消毒。

22.1.4　对冷库工作人员的个人卫生要求

冷库作业人员要勤理发，勤洗澡，勤洗工作服。工作前要洗手，同时必须定期检查身体，若发现患传染病者，应立即调离工作进行治疗，未痊愈时，不能进入库房与食品接触。

库房工作人员的工作服要定期清洗和消毒，离开冷库时，应将白工作服及白罩衣服脱掉，不得穿着它到饭厅、厕所和冷库以外的其他场所。

22.2　食品的卫生管理

22.2.1　食品的卫生质量检查

食品中微生物的多少，常以 1g 食品或 $1cm^2$ 的食品表面积或 1mL 食品中含有细菌总数（杂菌总数）来表示，它是判断食品卫生质量的一项重要依据。几种食品变质时的细菌数见表 22-1。

表 22-1　几种食品变质（能被人的感官察觉）时的细菌数

食品种类	细菌数/（CFU/g）
鸡肉	10^8
牛肉(生)	10^8
鱼	10^6
蟹肉	10^8
贝	10^7
牡蛎	10^6
鲜蛋液	10^7
冰蛋	10^6
豆腐	$10^5 \sim 10^6$（pH5.5 以下）
鲜牛乳	$10^6 \sim 10^7$
米饭	$10^7 \sim 10^8$

为了保证食品冷冻加工质量，要求食品在冷冻加工入库前和出库销售前，都必须经过专职卫生检疫人员严格的卫生质量检查。

食品在冷藏过程中应该经常进行质量检查并定期对食品、冷藏间的空气及设备进行测定和分析（指对微生物污染情况）。如果发现某批食品有软化、霉烂、腐败变质和有异味等情况时，应及时采取措施分别加以处理，以免感染其他食品造成更大的损失。

库内食品全部取出后，应对库房进行通风换气，将库内混浊空气排出，并从外部换入新鲜的空气。通风换气是利用通风机实现的。在从外部吸入空气时，应预先经过过滤。

22.2.2　食品在冷库中的堆放要求

冷藏的食品应堆放在清洁的垫木上，禁止直接放在地面上，货堆上应覆盖芦席或篷布，以免灰尘、霜雪落入沾污食品。货堆与货堆之间应留有 0.2m 的间隙，以便空气流通。如果是不同种类的货堆，其间隙应不小于 0.7m。食品在堆码时，不能直接靠在墙壁或排管上，以免损坏设备和使冷却储藏的食品冻坏或过度干缩。货堆与墙壁和排管应保持冷库规范要求的距离。

22.2.3　冷库中异味清除的方法

库房中的异味一般是由于储藏了具有强烈气味的食品所致。此外，在食品腐败变质时，产生硫化氢和氨也能使库房感染异臭气味。各种食品都具有各自独特的气味。如果将某种食品储藏在具有某种特殊气味的库房里，这种特殊的气味就会转入食品内，从而改变了食品原有的风味。因此，清除库房中的异味是一件非常重要的工作。

一般采用通风换气方法清除库内异味。但这种方法对消灭微生物毫无作用，相反会促进微生物的增长，还会使库内冷量的消耗增加和食品干耗。

目前，较先进的方法是利用臭氧（O_3）清除异味。臭氧具有良好的清除异味的性能，利用臭氧消毒和除异味，不仅适用于空的库房，对于载满食品的库房也很适用。原子氧性质极活泼，化合作用很强，具有强烈的氧化作用，因而在冷库内利用臭氧不仅能破坏有气味的物质，使空气洁净，清除异味，而且当浓度达到一定程度时，还具有优良的消毒作用，使食品表面霉菌氧化。

臭氧处理的效能取决于参加氧化反应的臭氧的浓度。臭氧的浓度越大，氧化反应的速度也就越大。但是，由于臭氧是一种强氧化剂，所以当浓度很高时，就有引起火灾的危险，在使用时必须注意安全。当浓度在 $2mg/m^3$ 以上时，长时间呼吸对人体有害。

库内除异味，对空库，臭氧浓度以 $40mg/m^3$ 为宜；对存食品的库，臭氧浓度以食品品种分：鱼类或干酪为 $1\sim2mg/m^3$，蛋品为 $3mg/m^3$，果蔬为 $6mg/m^3$，肉类为 $2mg/m^3$。

如果库内存有含脂肪较多的食品，则不准使用臭氧，以免油脂氧化而变质。

用 2%甲醛水溶液或 5%～10%醋酸与 5%～20%漂白粉水溶液喷洒库内，也具有良好的消毒和除异味的作用。但此法仅适用于空库，库门封闭 48h 后排除气味。

22.2.4　防鼠与灭鼠的方法

消灭老鼠对冷库卫生具有重要意义。老鼠会破坏冷库的隔热结构与沾污食品，传播传染病。鼠类可能由附近潜入冷库，也有可能与食品一同进入。因此，必须设法使冷库周围地区没有老鼠。在接收物品时，应仔细检查，特别是有外包装的食品，以免将鼠类带入库内。

要针对鼠类的特性和危害规律，采取防治与突击围剿相结合的办法，揭其巢穴，断其来路，消其疑忌，投其所好，进行诱捕。防鼠的主要方法是，保持库房内外清洁卫生，清除垃圾，及时处理堆积的包装物料及杂乱物品，不给鼠类造成藏身的活动场所。另外，还可以用碎瓷片、碎玻璃与黄沙、石灰或水泥掺和，堵鼠洞，截断其活动通路。

在冷库内灭鼠要群策群力，防灭并重，讲究科学。

22.2.4.1　用二氧化碳气体灭鼠

在 $1m^3$ 库房空间将钢瓶内的二氧化碳通入冷藏库内，若库房密闭性好，不论冷库在任何温度情况下，用 25%的二氧化碳 0.7kg 或 35%的二氧化碳 0.5kg，需要紧闭库门一昼夜，可彻底消灭鼠类。

这种方法是最理想的灭鼠方法，不但无毒，而且效果显著。同时也具有灭菌的性能。应用二氧化碳灭鼠时，不但不需要将食品取出或做特殊的堆放，也不需要改变储藏温度。

22.2.4.2　用二氧化硫、氯化苦等气体灭鼠

用二氧化硫、氯化苦等气体灭鼠是利用毒气使害鼠窒息而死亡，在费用上较经济。但需清库后方能进行，并且事后还需进行库房通风换气和清除异味等工作，操作很麻烦，不宜采用。

22.2.4.3　围歼法

在食品不多的库内，将食品用木板或席子围起来，再搬走食品围而歼之。

22.2.4.4　胶粘法

将零号印刷油涂在 0.15m 宽的木板纸上或用调墨油、松香粘胶来粘老鼠很有效。

22.2.4.5　电子捕鼠器法

冷库所用的电子捕鼠器是一种小型的设备，用 220V 电压为电源，有三根单输出电线，经电子设备产出可控制 1500V 电压，三根单线各能延长 1000m，分别安置三个方向（室内或室外），可以同时捕鼠。老鼠接触后即毙，同时发出命中信号。

冷库内灭鼠一般还可用机械捕鼠器，如鼠夹、捕鼠笼、碗扣等行之有效的捕鼠器来捕捉冷库内的老鼠，但效果不好；用化学药物食饵使害鼠取食药剂后，在肠胃中起致死作用，如安妥、磷化锌、碳酸钡等来毒死老鼠，效果尚可，只因所用药都是有毒的，故使用时应特别谨慎。

思考与练习题

1. 冷库的卫生管理包括哪些？
2. 冷库的异味去除方法有哪些？
3. 冷库灭鼠方法有哪些？

单元二十三　冷库的库房管理

学习目标

终极目标：能够进行库房的正确管理。

促成目标：

1）掌握冷库安全生产的内容。
2）了解各种食品的储藏条件。
3）掌握食品的合理码垛方法。

相关知识

23.1　正确使用冷库，保证安全生产

23.1.1　防止水、汽渗入隔热层，严格把好"五关"

冷库是用隔热材料建筑的低温密封库，结构复杂，造价高，具有怕潮、怕水、怕热气、怕跑冷的特性。为此，应把好"冰、霜、水、门、灯"这五关，使库内的墙、地坪、顶棚和门框上无冰、霜、水，要做到专人负责，随有随清除。没有下水道的库房和走廊，不能进

行多水性作业，不要用水清洗地坪和墙壁。库内的排管和冷风机等设备要及时并定期冲霜和扫霜。不能把没有冻结的热货直接放入低温库中，以防止带进热气，损坏冷库。严格管理好冷库门，出入库要及时随手关闭，对冷库门要精心维护，做到开启灵活，关闭严密，不跑冷。同时对冷库内的灯，要做到安全照明，人走灯灭。

23.1.2 防止因冻融循环，把冷库建筑结构冻酥

库房应根据设计规定的用途来使用，高温、低温库房不能混淆。各种用途的库房，在没有商品存放时，也应保持一定的温度：冻结间和低温库应在 -5℃ 以下；高温库应在露点温度以下，以免库内滴水受潮，影响建筑。原设计有冷却工序的冻结间，如果改为直接冻结间时，应设有足够的制冷设备，同时也要控制进货的数量和掌握合理库温，做到不使库房内滴水。

23.1.3 防止地坪（楼板）冻鼓和损坏

冷库的地坪（楼板）在设计上都有规定，能承受一定的负荷，并铺有防潮层和隔热层。如果地坪表面保护层被破坏，使水流入，会使隔热层失效。如果商品超载，会使楼板裂缝。因此，不能将商品直接散铺在库房地坪上冻结；拆肉垛时不能采用倒垛的方法；冻品在脱钩和脱盘时不能在地坪上摔击，以免砸坏地坪及破坏隔热层。另外，库内商品的堆垛重量和运输工具的装载量，不能超过地坪的单位面积设计负荷。每个库房都要核定单位面积最大负荷和库房总装载量（如果地坪大修改建，应按照新设计的负荷计算），并在库门上做出标志，以便管库人员监督检查。库内吊轨每米长度的载重量，包括商品、滑轮和挂钩等的总重量，应符合设计要求，不得超载，以确保安全。特别要注意底层的地坪没有做通风等处理的高温库的温度，要控制在 0℃ 以上。设计有地下通风的冷库，要严格执行有关地下通风的设计规定，并定期检查地下通风道内是否结霜、堵塞和积水，以及回风温度是否符合要求。地下通风道周围严禁堆放物品，更不准搞新的建筑。总之，要尽量避免由于操作不当而造成冷库的地坪冻鼓和损坏。

23.1.4 应严格执行库房内货位的间距要求

为使商品堆垛安全牢固，便于盘点和检查及进出库，对商品货位的堆垛与墙、顶、排管和通道的距离都有一定的要求，详见表 23-1。

表 23-1　库内货垛距建筑物、设备尺寸

序号	项　目	距离/m
1	货垛与下列建筑物表面及设备之间的距离：	
	距冻结物冷藏间平顶	0.20
	距冷却物冷藏间平顶	0.30
	距顶管下侧	0.30
	距顶管横侧	0.20
	距无墙管的墙	0.20
	距墙管外侧	0.40
	距风道喷风口中心(下侧)	0.20
	距冷风机周围	1.50
2	墙管、顶管与下列建筑物的距离：	
	翅片式墙管与墙壁表面	0.2
	翅片式顶管与平顶或梁底表面	0.30~0.40
	光滑墙管与墙壁表面	0.15
	光滑顶管与平顶或梁底表面	0.25~0.40

（续）

序号	项　　目	距离/m
3	货垛如需按批次堆存时,垛间距离: 鲜蛋类(箱装者可取"距离"中较小之数值) 鲜果类(箱装者可取"距离"中较小之数值) 其他	0.30~0.40 0.30~0.40 0.10~0.15
4	冷间内走道宽度: 　库房宽度在 10m 以内的,在一侧留走道 　库房宽度在 10~20m,在库房中央留走道 　库房宽度超过 20m,每 10m 宽留一走道	手工搬运 1.20~1.50 机械搬运 1.80~2.20

库内要留有合理宽度的走道,以方便运输、操作和利于安全。在库内操作时要注意防止运输工具和商品碰撞冷库门、电梯门、柱子、墙壁、冷却排管和制冷系统的管道、阀门等建筑物和设备。对易受碰撞的部分（如柱子、冷库门框等）应加保护装置。

23.1.5　做好经常性的局部大修、中修,提高冷库设备的完好率

"管好库,还得经常维修保养",这是管好冷库的最基本要求。由于平时库内外温差大,冷库易受潮,设备易锈蚀损坏,因此,对冷库平时除做好经常性的维护保养工作外,每年还要由厂领导、工程技术人员和车间领导组成检查组,深入实际,对冷库设备做全面的检查,发现问题,及时提出改进措施并加以解决。例如,冷库的谷壳墙、天面阁楼谷壳层都易受潮,应进行分批翻晒;对冷库内受潮而损坏的调节站、氨系统管道（局部）的隔热层,应经常更换翻新;要及时修补破损的冷库地面和建筑结构的裂缝;冷库门、电梯和电器线路如有破损,也要及时修补;要保养好机器设备,更换锈蚀严重的管道和阀门,做到勤检查、勤维修。对于损失比较严重的建筑结构,一定要及时抢修,以保证安全生产。总之,通过检查,及时发现不安全因素,找出原因,制订出改进措施,做到事故原因不清不放过,当事人不受教育不放过,防患措施不落实不放过,从而使冷库的各种生产设备经常处于良好状态,有效地保证生产顺利进行,延长冷库的使用寿命。

23.2　加强管理工作,确保商品质量

提高和改进冷冻加工工艺,保证合理的温度和湿度,确保低温储藏商品的质量,这是冷藏加工企业的任务。

1）要求冷藏和冻藏温度、湿度和储藏期限合理,以确保商品的质量。各种商品的低温储藏推荐条件见附录。

2）建立商品保管卡片制度,按垛位编号、品种、数量、等级、质量、包装,以及进、出、存的动态变化填制卡片,悬挂于货位明显的位置。

3）在制冷装置的操作管理上尽量降低干耗,保证商品质量。

23.3　合理堆码,提高库房利用率

对商品进行合理码垛,正确安排,能使库房增加装载量,即提高单位容积装载量和充分利用有效容积。

23.3.1　在安全荷载能力下,合理码垛

冷库楼面单位面积上平均允许的承载质量为冷库的安全荷载能力。其荷载标准见表23-2。

　　我国的冷库荷载量一般为 $2000kg/m^2$。单位面积荷载量乘库房的有效面积，就是库房的最大装载量。商品在库房内码垛时，其质量首先不能超过商品的最大装载量。同时，也要注意由于单位面积荷载量是按均匀分布计算的，商品在楼面上堆放不能过于集中，会超过单位面积荷载量，损坏建筑结构。

表 23-2　冷库楼面使用荷载标准

编号	房 间 名 称	活荷载/(kg/m^2)
1	人行楼梯间	350
2	冷却间、冻结间	1500
3	运货穿堂、站台、收发货间	1500
4	冷却物冷藏间	1500
5	冻结物冷藏间	2000
6	制冰池	2000
7	储冰间	900h
8	专用于装隔热材料的阁楼	100

注：1. 单层库房冻结物冷藏间堆货高度达 6m 时，地面均布活荷载可采用 $3000kg/m^2$。

　　2. h 为准冰高度。

　　3. 本表 2~5 项适用堆货高度不超过 5m 的一般库房，并已包括铲车运行荷载在内；储存冰蛋和桶装油脂等重大的货物时，其楼面和地面活载可按实际情况确定。

　　4. 楼板下有吊重时，按实际情况另加。

23.3.2　提高单位容积装载量，正确安排商品

　　具体措施就是合理提高商品的堆码密度，使每立方米的库容能装载更多的商品。各类冷冻食品的单位平均容重值（设计采用值）见表 23-3。堆码的密度是按不同商品的特性确定的。对冻结商品（如肉、鱼等）都要求堆得紧密，这样既能提高库容利用率，又能减少冷藏期间的质量变化。对冷却商品，如鱼蛋、水果、蔬菜等，因其本身还呼吸并产生热量而需要通风换气，因此，在堆放时要求留有间隙，保持库温均匀。

表 23-3　各类冻结食品的单位平均容重值（设计采用值）

序号	食品名称	单位平均容重/(kg/m^3)	序号	食品名称	单位平均容重/(kg/m^3)
1	冻猪肉	375	10	冻羊肉	300
2	冻鱼	450	11	冻肉或副产品（块状）	650
3	冻家禽（箱装）	350	12	冻小鱼（箱装）	350
4	鲜蛋（箱装）	320	13	冻鱼（箱装）	300
5	新鲜水果（箱装）	340	14	冻鱼片（箱装）	550
6	冰蛋（箱装）	550	15	动物油脂（箱装）	630
7	冰块（桶制冰块）	800	16	动物油脂（桶装）	540
8	罐头食品	600	17	其他食品	300
9	冻牛肉	400			

　　改变堆码方式或提高堆码技术可提高冻结肉堆码密度。例如，冻猪肉的堆码一般采用四片"井"字式与一字"柴爿"形垛相结合的方法，即在货堆的两端以"井"字垛头为支承，中间用一字"柴爿"形填装。四片"井"字垛头，平均每立方米库容可储存冻猪肉

$375\sim394kg$；三片"井"字垛头，每立方米库容只能储存$331\sim338kg$。可见四片"井"字垛比三片"井"字垛能提高装载量约13%。冻结肉堆码密度可从肉堆的体积和质量求得

$$肉堆码密度(kg/m^3) = \frac{肉堆的总质量}{肉堆的体积(长\times宽\times高)}$$

现在，国内的冷库广泛采用金属框架堆放猪肉作为垛头，中间进行"柴爿"填装，平均每立方米库容可储存冻猪肉$420\sim435kg$。在有大批商品进、出的冷库中，每$100\sim200t$冻猪肉货位，只需四个框架作为垛头（放在货位四角），冻猪肉堆放在各框架间距中成方形垛。这样，一个库容为$4500t$的冷库需安置$80\sim120$个框架。如果商品货位小，批次多，所需的框架也多一些。

框架用角钢或旧钢管等材料制成，为了搬运方便，采用装配式结构，装卸方便、灵活。框架高$3\sim4m$，长$2m$，宽$0.68m$，底部有两个$65\times50mm$的木条连接，也做垫木使用，上面放冻结肉。为了加强承受力，在离地面$1.7m$处有两根圆钢（或橡皮带）拉住四根立柱，防止框架倾斜。框架中的冻结肉是以"柴爿"形堆装，冻肉皮层朝下，这样，堆垛和卸垛都很方便，并不易掉碎肉。顶层冻肉皮层朝上，以减少干耗。

23.3.3 充分利用有效容积，扩大货堆容量

肉堆的高度应根据冷藏间的高度和设计的地坪载质量来决定。由于商品质量、批次、数量、级别等不同，虽在货源充足的情况下，也会有部分容积利用不足。因此，在使用中应采取勤整并、巧安排、多联系等办法，减少零星货堆，缩小货堆的间隙，适当扩大货堆容量，提高库房的有效利用率。对于新堆放的冻结肉，在存放$5\sim10d$后，由于肉体的重力作用，肉堆会略向下沉$20\sim30cm$，为提高冷藏间容量，可以向肉堆上补添到规定高度。

23.4 冷库内允许混合储藏的冷冻食品

已经入库的食品，应按照食品的不同种类和不同的冷冻加工最终温度分别存放。如果冷藏间少而需要储存的食品种类很多，食品不可能单独存放，或者冷藏间容量大而某种食品数量少单独存放不经济时，也可以考虑不同种类的食品混合存放。不同种类食品混合存放，应以不致互相感染气味为原则，并应该分别堆码。具有强烈气味的食品，如鱼类、葱蒜、乳酪等和各对储藏温度要求不一致的食品，则严格禁止混合放在一个冷藏间内。

可以混合存放的食品有六类，见表23-4。同类中的食品可以混合储藏，各类之间的食品则不能混合储藏。

表23-4　冷库内允许混合储藏的食品分类

食品名称	混合储存时间	食品名称	混合储存时间
（一）冻结食品（低温冻藏）		冻牛羊油	4个月
冻小鱼（包装和木包装）	5个月	熟猪肉	3个月
冻大鱼	3个月	冰蛋（桶装）	2个月
冻牛羊肉	4个月	乳油	3个月
冻猪肉	4个月	（二）新鲜食品或冷却食品	
冻副产品（包装）	3个月	苹果（冬季成熟装箱）	3个月（由采摘后计算）
冻家禽（箱装）	3个月	梨（箱装）	2个月（由采摘后计算）

（续）

食品名称	混合储存时间	食品名称	混合储存时间
葡萄（箱装）	3个月（由采摘后计算）	（五）冷却新鲜食品	
（三）冷却食品（高温库）		鸡蛋（箱装）	6个月
苹果（早熟箱装）	1个月（由采摘后计算）	罐头（铁皮、玻璃罐装）	8个月
杏、桃（箱装）	15d（由采摘后计算）	（六）干食品	
葡萄（箱装）	3个月（由采摘后计算）	蛋粉	6个月
李（箱装）	1个月（由采摘后计算）	乳粉	6个月
樱桃（箱装）	10d（由采摘后计算）	干果	6个月
（四）冷却新鲜食品（高温库）		核桃	4个月
番茄	7d（由采摘后计算）	浓缩牛乳	6个月
花椰菜	1个月（由采摘后计算）	罐头食品	8个月
大白菜（早熟）	1个月（由采摘后计算）		

思考与练习题

1. 如何防止低温库地坪冻鼓？
2. 库房内货物合理堆码要注意哪些事项？

附录

冷库管理规范

1 范围

本标准规定了冷库制冷、电气、给排水系统，库房建筑及相应的设备设施运行管理、维护保养要求和食品贮存管理要求。

本标准适用于贮存肉、禽、蛋、水产及果蔬类的食品冷库，贮存其他货物的冷库可参照执行。

2 规范性引用文件

下列文件对于本文件的应用是必不可少的。凡是注日期的引用文件，仅注日期的版本适用于本文件。凡是不注日期的引用文件，其最新版本（包括所有的修改单）适用于本文件。

GB 2893　安全色

GB/T 13462　电力变压器经济运行

GB 28009　冷库安全规程

GB 50072　冷库设计规范

TSG R0004　固定式压力容器安全技术监察规程

中华人民共和国消防法

国务院令第 373 号　特种设备安全监察条例

国家质量监督检验检疫总局令第 46 号　气瓶安全监察规程

国质检局 [2003] 46 号　气瓶安全监察规程

国质检锅 [2003] 108 号　在用工业管道定期检验规程

3 术语和定义

下列术语和定义适用于本文件。

3.1 冷库 cold store

采用人工制冷降温并具有保温功能的仓储用建筑物，包括库房、制冷机房、变配电间等。

3.2 库房 storehouse

冷库建筑群的主体。包括冷加工间、冷藏间及直接为其服务的建筑（如楼梯间、电梯间、穿堂等）。

3.3 制冷机房 refrigeration machine room

用于放置制冷设备和操作系统及其相关设施的房间。包括：制冷机器间、设备间和控制室、变配电室和机修室等。

3.4 制冷设备 refrigerating equipment

制冷压缩机、油分离器、冷凝器、贮液器、中间冷却器、气液分离器、低压循环桶、集油器、蒸发器、空气分离器等制冷系统所用设备的总称。

3.5 制冷系统 refrigerating system

通过制冷设备及专用管道、阀门、自动化控制元件、安全装置等连接在两个热源之间工作，用于制冷目的的总成。

4 基本要求

4.1 冷库管理应遵循《中华人民共和国消防法》、GB 28009 等我国有关法律法规及标准规范的规定。

4.2 冷库管理人员，应具备一定的专业知识和技能；特种作业人员（电梯工、制冷工、叉车工、电工、压力容器操作工等）应依据《特种设备安全监察条例》及国家相关规定持证上岗；库房作业人员，应具有健康合格证，经培训合格后，方能上岗。

4.3 冷库生产经营企业应建立安全生产制度、岗位责任制度、各项操作规程；应建立事故应急救援预案，并定期演练。

4.4 冷库生产经营企业宜建立质量管理体系、HACCP（食品危害分析及关键控制点）体系、职业健康安全管理体系、环境管理体系和库存管理信息系统。

4.5 冷库生产经营企业应建立日常培训制度，并建立培训人员档案。

4.6 冷库生产经营企业应配备与生产经营规模相适应的设备设施，并对其进行定期检查、维护、发现问题及时排除。

4.7 当设备、设施或操作控制系统进行更新改造或升级时，冷库生产经营企业应对相应的维护及操作规程等及时更新完善。作业人员操作前，应接受培训。

4.8 冷库生产经营企业应在厂区特定的位置设立安全标识，其安全色应符合 GB 2893 的规定。

4.9 冷库生产经营企业在采用节能运行模式时，应保证食品质量和安全生产。

4.10 库房中的食品应根据其贮存工艺的要求，分区（间）贮存。库房温、湿度应满足其在规定的时间范围内的贮存要求；对于气调式冷库，库内的气体成分尚应满足其在规定的时间范围内的贮存要求。

4.11 食品的冷加工，应按规定的时间、温度完成其冷却/冻结加工，并应记录食品进出库的温度。对于畜禽肉的胴体及块状食品，应记录其中心温度。

4.12 冷库生产经营企业应保持区域内清洁卫生。库房及加工间应定期消毒，冷藏间应至少每年消毒一次，所食用的消毒剂应无毒无害、无污染。

4.13 厂区要求

4.13.1 冷库厂区内严格控制有毒有害物品，防止造成食品污染。

4.13.2 厂区内的通道应满足交通工具畅通运行的要求。

4.13.3 厂区主线道路的照明照度应不小于25lx、广场照明照度应不小于30lx。

4.13.4 厂区内运输车辆的行驶速度应不超过 15km/h。

4.14 非作业人员未经许可不得进入作业区域。

4.15 冷库内严禁烟火。

5 冷库运行管理

5.1 制冷系统运行管理

5.1.1 应建立交接班制度、巡检制度、设备维护保养制度等。

5.1.2 应采用人工或人工与自动仪器相结合的方式，监测制冷系统的运行状况，定时做好运行记录，确保系统安全正常运行。

5.1.3 操作人员发现运行问题及隐患应及时排除，当班处理并做好相应记录。

5.1.4 操作人员应及时排除制冷系统内的不凝性气体。对于氨制冷系统，应将不凝性气体经空气分离器处理后排放至水容器中。

5.1.5 从制冷系统中回收的冷冻油，应经再生处理，并经检测合格方可重复使用。

5.1.6 制冷设备应按照其使用说明书的要求进行操作。

5.1.7 冷凝器的运行压力不得超过系统设计允许值，如出现异常情况，应及时处理。

5.1.8 冷凝器应定期清除污垢。

5.1.9 高压贮液器液面应相对稳定，存液量不应超过容器容积的 2/3；卧式高压贮液器的液位高度不得低于容器直径的 1/3。

5.1.10 低压循环桶、气液分离器的存液量不应超过容器容积的 2/3，液位高度不得超过高液位报警线。

5.1.11 氨制冷系统应视系统运行情况，定期放油。

5.1.12 蒸发器表面霜层及管内油污等应定时清除。

5.1.13 水冷冷凝器、水泵等用水设备在环境温度低于 0℃ 时，应采取防冻措施。

5.1.14 制冷剂钢瓶应严格按照《气瓶安全监察规程》中的有关规定使用。

5.1.15 制冷系统长期停止运行时，应妥善处理系统中的制冷剂。

5.1.16 阀门

5.1.16.1 在制冷系统中，有液体制冷剂的管道和容器，严禁将进出两端的阀门均处于关闭状态。

5.1.16.2 制冷系统正常运行或停止运行时，系统中的压力表阀、安全阀前的截止阀和均压阀应处于开启状态。

5.1.16.3 多台高压贮液器并联使用时，均液阀和均压阀应处于开启状态。

5.1.16.4 冷风机融霜时，严禁关闭回气截止阀。

5.1.16.5 安全阀应按《特种设备安全监察条例》的规定定期校验并做好记录。

5.1.17 制冷系统所用仪器、仪表、衡器、量具应按规定的时间间隔由具备相应资质的机构进行校准或鉴定（验证）。

5.1.18 运行记录

5.1.18.1 操作人员应至少每隔 2h 做一次巡视检查并做好运行记录。

5.1.18.2 运行值班记录应按规定的内容如实填写，字迹工整，并保持记录册整洁、完整，不得随意涂改，做好统一保管。运行值班记录应至少保存 5 年。

5.1.19 机房内不得存放杂物及与工作无关的物品，设备设施的备品、备件应整齐码放在规定的位置。

5.1.20　防护器具

5.1.20.1　防护器具的使用人员应经过培训，熟知其结构、性能和使用方法及维护保管方法。

5.1.20.2　消防灭火器、防毒器具和抢救药品等应急物品应放在危险事故发生时易于安全取用的位置，并由专人保管，定期校验和维护。

5.1.20.3　应建立防护用品、器具的领用登记制度。

5.1.21　制冷系统维修保养

5.1.21.1　制冷压缩机应按制造商的要求定期进行大、中、小修和日常维修保养。其他制冷设备应定期维护保养。

5.1.21.2　特种设备应按照《特种设备安全监察条例》《固定式压力容器安全技术监察规程》和《在用工业管道定期检验规程》的相关规定进行管理。

5.1.21.3　特种设备应由具备相应资质的机构进行维保。

5.1.21.4　制冷系统检修前，应检查系统中所有的阀门的启闭状态，确认状态无误后方可进行检修，并设置安全标识。

5.1.21.5　检修带电设备时，应首先断电隔离并在开关处设置安全标识；通电运行前应确认接地良好。

5.1.21.6　制冷系统拆检、维修、焊接时，应排空维修部位的制冷剂并与大气连通后方可进行，严禁带压操作。

5.1.21.7　向系统外排放冷冻油时，应注意防火，并严格避免制冷剂外泄。

5.1.21.8　长期停机时，应切断电源。

5.1.21.9　制冷系统进行管路、设备更换维修后，应进行排污及强度、气密试验。气密性试验应使用氮气或干燥清洁的空气进行，严禁使用氧气。

5.1.21.10　维护检修后，应填写维修记录。维修记录的内容包括维护时间、设备、人员、维修内容、责任人、工作说明等。

5.2　给排水系统管理

5.2.1　冷却水、融霜水的水质应满足设备的水质要求和卫生要求。

5.2.2　应保证冷库给水系统有足够的水量、水压。

5.2.3　冷库用水的水温应符合下列规定：

a）水冷冷凝器的冷却水进出口平均温度应比冷凝温度低5~7℃；

b）融霜水的水温应不低于10℃，宜不高于25℃。

5.2.4　冷库生产、生活用水应做好计量，并采取有效的节水措施。

5.3　电气运行管理

5.3.1　应建立配电间停送电操作规程、电气安全操作规程、交接班制度、巡检制度、设备维护保养制度等。

5.3.2　操作者应严格遵循设备操作规范和巡检制度，发现异常情况及时处理，确保设施和系统正常运行。

5.3.3　应详细填写运行值班记录，运行值班记录应按规定的内容如实填写，字迹工整，并保持记录册整洁、完整，不得随意涂改，做好统一保管。运行值班记录应至少保存5年。

5.3.4　冷库的电气设置应符合GB 50072的相关要求并定期检查，保证其良好的性能。

5.3.5 应定期检查备用电源的可用性。

5.3.6 变压器的经济运行应符合 GB/T 13462 的规定。

5.4 库房管理

5.4.1 库房应定期打扫、消毒,保持清洁卫生。严禁存放与贮存食品无关的物品。

5.4.2 库房内应注意防水、防制冷剂泄露,严禁带水作业。

5.4.3 应及时清除穿堂和库房的墙、地坪、门、顶棚等部位的冰、霜、水。

5.4.4 无进出货时,库房门应处于常闭状态。

5.4.5 应对库房货架的紧固件、水平度和垂直度等至少每 6 个月进行一次检查。

5.4.6 搬运设备

5.4.6.1 搬运设备应无毒、无害、无异味、无污染,符合相关食品卫生要求。

5.4.6.2 冷库搬运设备应能在低温环境下正常运行。

5.4.6.3 叉车停用时,应停放在规定的位置,并将货叉降至最低位置。

5.4.6.4 搬运设备应定期消毒。

5.4.7 应采用耐低温、防潮防尘型照明设施。大、中型冷库冷间的照明照度不宜低于 50lx,穿堂的照度不宜低于 100lx。小型冷库冷间的照度不宜低于 20lx,穿堂的照度不宜低于 50lx。作业视觉要求高的冷库,应按具体要求进行配置。

5.4.8 应在库房内适当的位置设置至少 1 个温度测量装置,冻结物冷藏间的温度测量误差不大于 1℃,冷却物冷藏间的温度测量误差不大于 0.5℃。如需要测量湿度,相对湿度测量误差不大于 5%。温湿度测量装置的安装位置应能正确反映冷间的平均温、湿度。

5.4.9 应定期检查并记录库房温度,记录数据的保存期应不少于 2 年。

5.4.10 应至少每季度核查一次库内温、湿度检测装置,发现问题及时解决。

5.4.11 库房内应合理分区并设置相关标识。

5.4.12 采用货架堆垛及吊轨悬挂食品,其质量不得超过货架及吊轨的承重荷载。

5.4.13 库房地下自然通风道应保持畅通,不应有积水、雪、污物。采用机械通风或地下油管加热等防冻措施,应由专人负责操作和维护。

5.4.14 库房应设置防撞设施。

5.4.15 土建式冷库的冻结间和冻结物冷藏间空库时,相应的库房温度应保持在-5℃以下。

5.4.16 库内作业结束后,作业人员应确认库内无人后方可关灯、锁门。

5.4.17 应为库内作业人员配备防寒工装。

6 食品贮存管理

6.1 应对入库食品进行准入审核,合格后入库,并做好入库时间、品种、数量、等级、质量、温度、包装、生产日期和保质期等信息记录。

6.2 入库前,应检查并确保库房的温湿度符合要求,并做好记录。

6.3 宜遵循先进先出、分区存放的原则。

6.4 在冷库中贮存的食品,应满足贮存食品整体有效保质期的要求,贮存时间不得超过该食品的协议保存期,并定期进行质量检查,发现问题及时处理。

6.5 清真食品的贮存应符合民族习俗的要求,库房、搬运设备、计量器具、工具等应专用。

6.6 具有强烈挥发气味和相互影响（如乙烯）的食品应设专库贮存，不得混放。

6.7 食品堆码时，宜使用标准托盘［1200mm×1000mm（优先推荐使用），1100mm×1100mm］，并且托盘材质符合食品卫生标准。

6.8 食品堆码时，应稳固且有空隙，便于空气流通，维持库内温度的均匀性。食品堆码应符合下列要求：

——距冻结物冷藏间顶棚≥0.2m。

——距冷却物冷藏间顶棚≥0.3m。

——距顶排管下侧≥0.3m。

——距顶排管横侧≥0.2m。

——距无排管的墙≥0.2m。

——距墙排管外侧≥0.4m。

——距风道≥0.2m。

——距冷风机周边≥1.5m。

6.9 应对出库食品进行检验，办理出库手续。

6.10 应做好出库时间、品种、数量、等级、质量、温度、包装、生产日期和保质期等信息记录。

7 冷库安全设施管理

7.1 消防设施

7.1.1 消防设施日常使用管理由专职管理员负责。专职管理员应每日检查消防设施的状况，确保设施完好、整洁、卫生。发现丢失、损坏应立即补充、更新。

7.1.2 消防设备设施应由具备相应资质的机构进行维修保养和定期检测。

7.1.3 应设有消防安全疏散等指示标识，严禁关闭、遮挡或覆盖安全疏散指示标识。保持疏散通道、安全出口畅通，严禁将安全出口封闭、上锁。

7.1.4 应保持应急照明、机械通风、事故报警等设施处于正常状态，并定期检测、维护保养。

7.2 氨气体浓度报警仪

7.2.1 采用氨制冷系统的机房应安装氨气体浓度报警仪，库房宜安装氨气体浓度报警仪。氨气体浓度报警仪应由法定计量鉴定机构或厂家每年进行复检，确保安全有效。

7.2.2 氨气体浓度报警仪宜与其他相关设备联防控制和管理。

7.3 设有视频监控系统的冷库，应设立专管员负责安防监控系统的日常管理与维护，确保视频监控系统的安全运行、视频质量清晰。视频资料应至少保存3个月，并不得擅自复制、修改视频资料。

8 冷库建筑维护

8.1 应每年对冷库建筑物进行全面检查，做出维护计划。日常维护中，发现屋面漏水、隔气防潮层起鼓、裂缝，保护层损坏，屋面排水不畅，落水管损坏或堵塞，库内外排水管道渗水，墙面或地面裂缝、破损、粉面脱落，冷库门损坏等问题应及时修复并做好记录。

8.2　地坪冻鼓，墙壁和柱子裂缝时，应查明原因，及时采取措施。

8.3　采用松散隔热层时，如隔热层下沉，应以同样材料填满压实，发现受潮要及时翻晒或更换。

8.4　冷库维修时宜采用新工艺、新材料，做好维修的质量检查及验收。

9　易腐食品贮藏温湿度要求

附表1规定了食品贮藏温湿度要求。

附表1　易腐食品贮藏温湿度要求

品类序号	食品类别	食品品名	贮藏温度/℃	相对湿度(%)
1	根茎菜类蔬菜	芹菜	−1~0	95~98
		芦笋	0~1	95~98
		竹笋	0~1	90~95
		萝卜	0~1	95~98
		胡萝卜	0~1	95~98
		芜菁	0~1	95~98
		辣根	−1~0	95~98
		土豆	0~1	80~85
		洋葱	0~2	70~80
		甘薯	12~14	80~85
		山药	12~13	90~95
		大蒜	−2~0	70~75
		生姜	13~14	90~95
2	叶菜类蔬菜	结球生菜	0~1	95~98
		直立生菜	0~1	95~98
		紫叶生菜	0~1	95~98
		油菜	0~1	95~98
		奶白菜	0~1	95~98
		菠菜	−1~0	95~98
		茼蒿	0~1	95~98
		小青葱	0~1	95~98
		韭菜	0~1	90~95
		甘蓝	0~1	95~98
		抱子甘蓝	0~1	95~98
		菊苣	0~1	95~98
		乌塌菜	0~1	95~98
		小白菜	0~1	95~98
		芥蓝	0~1	95~98
		菜心	0~1	95~98

（续）

品类序号	食品类别	食品品名	贮藏温度/℃	相对湿度（%）
2	叶菜类蔬菜	大白菜	0~1	90~95
		羽衣甘蓝	0~1	95~98
		莴苣	0~2	95~98
		欧芹	0~1	95~98
		牛皮菜	0~1	95~98
3	瓜菜类蔬菜	苦瓜	12~13	85~90
		丝瓜	8~10	85~90
		佛手瓜	3~4	90~95
		矮生西葫芦	8~10	80~85
		冬西葫芦（笋瓜）	10~13	80~85
		冬瓜	12~15	65~70
		南瓜	10~13	65~70
		黄瓜	12~13	90~95
4	茄果类蔬菜	甜玉米	0~1	90~95
		青椒	9~10	90~95
		红熟番茄	0~2	85~90
		绿熟番茄	10~11	85~90
		茄子	10~12	85~90
5	花菜类蔬菜	青菜花	0~1	95~98
		白菜花	0~1	95~98
6	食用菌类蔬菜	双孢蘑菇	0~1	95~98
		香菇	0~1	95~98
		平菇	0~1	95~98
		金针菇	1~2	95~98
		草菇	11~12	90~95
		白灵菇	0~1	95~98
7	菜用豆类蔬菜	菜豆	8~10	90~95
		毛豆荚	5~6	90~95
		豆角	8~10	90~95
		豇豆	9~10	90~95
		芸豆	8~10	90~95
		扁豆	8~10	90~95
		豌豆	0~1	90~95
		荷兰豆	0~1	95~98
		甜豆	0~1	95~98
		四棱豆	8~10	90~95

（续）

品类序号	食品类别	食品品名	贮藏温度/℃	相对湿度（%）
8	落叶核果类	桃	0～1	90～95
		樱桃	−1～0	90～95
		杏	−0.5～1	90～95
		李	−1～0	90～95
		冬枣	−1～1	90～95
9	常绿果树核果类	生芒果	13～15	85～90
		催熟芒果	5～8	85～90
		杨梅	0～1	90～95
		橄榄	5～10	90～95
10	仁果类	苹果	−1～1	90～95
		西洋梨、秋子梨	−1～0.5	90～95
		白梨、砂梨	−0.5～0.5	90～95
		山楂	−1～0	90～95
11	浆果类	葡萄	−1～0	90～95
		猕猴桃	−0.5～0.5	90～95
		石榴	5～6	85～90
		蓝莓	−0.5～0.5	90～95
		柿子	−1～0	85～90
		草莓	−0.5～0.5	90～95
12	柑橘类	橙类	5～8	85～90
		柚类	5～10	85～90
13	瓜类	西瓜	8～10	80～85
		哈密瓜（中、晚熟）	3～5	75～80
		哈密瓜（早、中熟）	5～8	75～80
		甜瓜、香瓜（中、晚熟）	3～5	75～80
		甜瓜、香瓜（早、中熟）	5～8	75～80
		香蕉	13～15	90～95
		荔枝	1～4	90～95
		龙眼	1～4	90～95
		木菠萝	11～13	85～90
		番荔枝	15～20	90～95
		菠萝	10～13	85～90
		红毛丹	10～13	90～95
		椰子	5～8	80～85
14	坚果类	—	3～5	50～60

（续）

品类序号	食品类别	食品品名	贮藏温度/℃	相对湿度（%）
15	畜禽肉	冷却畜禽肉	−1~4	85~90
		冷冻畜禽肉	≤−18	90~95
16	水产品	冷鲜水产品	0~4	85~90
		冷冻水产品	≤−18	90~95
		金枪鱼	≤−50	90~95
17	速冻食品	速冻调制食品	≤−18	—
		速冻蔬菜	≤−18	90~95
18	冰激凌	—	≤−23	90~95
19	酸奶	—	2~6	—
20	蛋	鲜蛋	−2.5~−1.5	80~85
		冰蛋	−18	80~85

注：鉴于易腐食品的种类繁多，特别对于果蔬类食品的品种、产地、成熟度、采摘期、加工工艺、保鲜工艺等存在较大差异，本附录仅给出列名易腐食品通用贮藏温湿度要求。各地可根据具体情况，参照执行。

参 考 文 献

［1］ 田国庆. 食品冷加工工艺［M］. 2 版. 北京：机械工业出版社，2008.
［2］ 刘学浩，张培正. 食品冷冻学［M］. 2 版. 北京：中国商业出版社，2002.
［3］ 杨清香，于艳琴. 果蔬加工技术［M］. 2 版. 北京：化学工业出版社，2010.
［4］ 王玉田. 肉制品加工技术［M］. 北京：中国环境科学出版社，2006.
［5］ C P Mallett. 冷冻食品加工技术［M］. 张懋，等译. 北京：中国轻工业出版社，2004.
［6］ 李勇. 食品冷冻加工技术［M］. 北京：化学工业出版社，2005.
［7］ 关志强. 食品冷冻冷藏原理与技术［M］. 北京：化学工业出版社，2010.
［8］ 鲍琳. 食品冷冻冷藏技术［M］. 北京：中国轻工业出版社，2016.
［9］ 吕金虎. 食品冷冻冷藏技术与设备［M］. 广州：华南理工大学出版社，2011.
［10］ 华泽钊，李云飞，刘宝林. 食品冷冻冷藏原理与设备［M］. 北京：机械工业出版社，2002.

参考文献